U0014882

快速上手的12堂必修課

線上教學的技術

千萬講師、頂尖培訓教練

王永福 著

各界專業人士推薦分享

發現自己也得開始線上教學的那一天，我感到非常挫折——天哪，我感覺以前的那些實體教學的經驗和技巧，換成線上根本不能用了啊！

上了福哥「線上教學的技術」講座後，我這才茅塞頓開；原來只要用對軟、硬體，用對方法，不論是小組討論、計分還是問答，幾乎每一種實體教學的技巧都能源源本本搬到線上來用。謝謝你的「線上教學的技術」，福哥，你的建議我都聽進去啦！

全國 SUPER 教師／TED×Taipei 講者　余懷瑾（仙女老師）

我是《小學生年度學習行事曆》的作者，也是已有二十年資歷的國小教師兼職業講師，更曾應邀到馬來西亞、新加坡演講，但直到認識福哥、讀過《教學的技術》之後，我才知道過去信心滿滿的教學本領其實還有一些不足之處，更別說線上教學了。福哥的「線上教學的技術」最了不起的地方，是他明明是資訊高手，教導的卻是一般老師都能使用的軟體和教學技術，比如只用半張A4 紙和一支麥克筆就能簡單全程互動，為的就是幫老師們「最小化資訊需求，最大化教學效果」，讓我非常感動和佩服。

暢銷書《小學生年度學習行事曆》作者　林怡辰

　　身為資深護理師，COVID-19 疫情期間教導新進護理師的工作突然變得很困難。還好，2021 年 5 月起福老師創建了「線上教學的技術」，一五一十教會了我方法、使用 Meet 線上教學要注意的事項、Zoom 的實際測試與應用……，不但讓我在疫情期間教學對象更廣大、內容更不至於因為是在線上而打折扣。現在，我的影響力越來越大，學員的反應也越來越好；福老師，謝謝你！

吉紅照顧本屋負責人／社區護理師　林治萱

　　我是擁有 19 年教學經驗的職場英語講師，最擅長的當然是傳統的講述法。但是，接觸了福哥「教學的技術」後，我先是在教學中加入了新技巧，特別是「小組討論法」，發現效果很好，學員的溝通、互動和參與度都大大提升，課後記得的教學內容也更多。疫情期間，福哥的「線上教學的技術」更讓我獲益良多，提升教學品質的效果非常明顯，希望你也能有我這樣的體會！

職場英語教練　林義雄

　　如果我只能用四個字來形容福哥，那就一定是「毫不保留」！既是牙醫師又是衛教講師的我，真的是很慶幸一路從「上台的技術」、「教學的技術」一直學習到「線上教學的技術」。無論有沒有疫情，線上教學都是世界性的趨勢，有了福哥這份寶貴的教材，即使不能和學員面對面，你也一定能全力展現「上台的技術」和「教學的技術」，精準達成教學的目的。

中央公園精品牙醫診所負責人　徐慶玲

去年六月我很幸運地被福哥抽中，上了一天「教學的技術」實體課程，大大震撼了我——原來教學是可以這麼精彩、這麼充實！這個體驗讓我重新省思了教學設計、教學評量……，不斷提升我的教學能力。沒想到，疫情期間福哥聽見了我們科技小白的哀號，很快推出了「線上教學的技術」課程，讓我很快就順利適應了線上教學；建議大家趕快加入行列，把握讓你教學技術更上層樓的大好機會！

偏鄉國小特教老師　張嘉芯

我是個職業講師，同時也在輔大教書，經過「教學的技術」洗禮之後，現在的我教學思考邏輯和以往已經大不相同，都會一再考量學生的學習能力、熱情和動機，再找出最恰當的教學方法，尤其是「教學遊戲化」更讓我和學生都樂在其中。這些「教學的技術」能不能搬到線上教學來使用呢？答案當然是肯定的——只要你和我一樣，投入福哥精心創建的「線上教學的技術」！

職業講師／輔大社會系兼任助理教授　張慶玉

我是骨科醫生，學習過無數的知識，卻從來沒人教過我怎麼當個老師；每次遇上必須上台教學的時刻，都只能試著模仿記憶中的老師，當然成效不彰。幸運的是，後來有幸成為福哥「教學的技術」實體課程的學生，這才懂得三個道理：教學要有趣、教學要有料、教學要有效。這些「教學的技術」都能用在線上教學嗎？在我參與的實際測試拍攝過程中，福哥向我們示範了種種「線上教學的技術」，證明了每一種教學技術都有線上解決方案，而且每位老師都做得到。衷心推薦給和我一樣還想教得更有趣、更

有料、更有效的老師！

台灣實證醫學學會理事／骨科主治醫師　郭亮增

　　我是福哥的老朋友，所以很早就知道他是台灣頂尖的職業講師，更佩服他願意傾囊相授、把一身本事寫成《教學的技術》。疫情期間，我正忙著幫忙一些老師進行線上教學，沒想到，不斷進步、不斷創新的福哥竟然又盡展絕學，把他的資訊專業用在「教學的技術」上，研發了「線上教學的技術」，還試辦了很多場大型示範教學，讓台灣很多老師實際參與、體會，解決了許多人線上教學的困擾。現在，「線上教學的技術」已經結集成書，不論疫情何時才會遠離，都是老師們提升線上教學功力的大好機會！

台灣大學電機系教授、PaGamO 創辦人　葉丙成

　　疫情期間，全國教師的最大挑戰無非就是如何從實體轉為線上教學。幸運的是，我先前就有實體和線上教學的經驗，也早就在上課時應用了福哥「教學的技術」，所以除了適應不同軟體更換的過程之外，並沒有遇上其他的困難。但是，不論心法或技法，福哥的《線上教學的技術》都再一次給了我更多的體會，如果你還是線上教學的新手，一定可以藉由這本書得到福哥更多的幫助。

輔仁大學營養科學系副教授／輔仁大學 2017 優良導師／
《吃出影響力：營養學家的飲食觀點與餐桌素養》作者　劉沁瑜

　　疫情來襲後的短短兩個月內，我所經營的培訓公司就幫八十多家企業開設了遠距互動課，可見這方面的需求有多巨大。福哥的《線上教學的技術》，不用說，更能在最短的時間裡幫助更多老師。這

本書裡，我非常喜歡福哥說的「最小化資訊需求，最大化教學效果」這句話，聽起來很簡單，但確確實實是遠距教學的核心所在。如果你還沒讀過《教學的技術》，誠心建議你同時兩本入手、一次學全。

言果學習股份有限公司創辦人　鄭均祥

因為疫情，福哥聽到了很多小學、中學甚至大學老師線上教學的困擾，自告奮勇一試再試，排除萬難才完成了「線上教學的技術」課程；融合了多年講師和電腦專家、資訊博士候選人的經驗，老師們，千萬別錯過這樣的好機會！

企業講師、作家、主持人　謝文憲

目 錄

CONTENTS

第一堂
全神投入的學習體驗

線上與實體有何不同？

90 分鐘的演講時間，大家全程聚精會神，有時小組討論，有時踴躍舉手，不同小組彼此競爭，大家都極為投入；過程中連滑手機或是分心的時間都沒有，幾乎忘了時間的流動，進入一種學習的心流狀態……。

如果參加過福哥的實體課程或演講，對上面這段體驗一定很熟悉！也知道我描述的過程沒有誇張，現場的強度只有更大（更緊張、更刺激、更聚焦）。但如果我說「線上教學也能達到這樣的效果」，你相信嗎？

先講結論：你也能做到——只要你懂得如何應用「線上教學的技術」！而且，你還不必用上太多複雜的軟體或 Apps，只要會用 Zoom 或 Webex（其他線上會議或教學軟體持續測試中）還有簡單的紙、筆，就可以把原來在實體課程用的「教學的技術」，變成「線上教學的技術」。

▲實體教室中，大學生全神投入課程並熱烈舉手發言。

▲線上課堂上，學員踴躍參與並舉手回答問題。

專注，忘了是線上

先看一下參與線上教學技術夥伴們的心得：

科技廠廠長、企業講師 Eugene：「一直跟著螢幕前的每個節奏、示範及討論，我幾乎忘了這是在線上學習……；線上可以像實體般完全專注，這就是傳說中『線上教學的技術』。」

華語文講師 Irene：「看過書（《教學的技術》）的都知道，該有的分組、競賽、限時、舉手、動靜切換無一不缺。讓我印象最深刻的，是那些不像技巧的技巧。」

醫師 Nana：「從中觀察到 A++ 等級的線上教學技術，一個半小時結束後，確實讓我知道，線上教學可以做到什麼程度……」

急診第一線賢龍醫師：「線上教學相當容易恍神與分心，需要更加設計多樣題目互動，避免單純講課……所以授課內容不能夠單純講述，一定得把內容變化成互動模式，不管是舉手回答、單選複選、小組討論等等。這些要求比實體課程更多。」

簡單方法就能轉化與應用

從上面這幾段心得，老師們不難發現，整個線上課程的氛圍就是充滿互動及聚焦，也看得出一些過程中我所採用的方法和技巧，包含課前準備、教具、線上互動教學手法、線上分組技巧、團隊動力及遊戲化，以及對軟體功能的最小化需求。

▲運用紙與筆，對軟體的需求最小化。

　　另外，在「最小化技術需求，最大化教學效果」的核心策略下，整個線上教學互動操作都可以跨平台應用，像是問答法、選擇及排序法、演練法，都不需要特定的軟體功能，不論是 Webex、Meet、Team、Zoom 都沒差，只要有鏡頭、手勢、紙與筆就行！

　　接下來，我會詳細記錄並拆解整個過程，仔細解析如何把「教學的技術」轉化為「線上教學的技術」，用以完成一場精彩的 90 分鐘互動式課程演講。我相信，看過我的做法後，老師們一定可以轉化、應用在自己的課程上。

　　下一篇起，就讓我從頭細述，這個「線上教學的技術」是怎麼規劃、又是怎麼做的……

第二堂

線上同步互動教學的基本重要技巧

　　Covid-19 在台灣的疫情突然再度來襲（2021 年 5 月），隨著每日確診都在三位數以上，各級學校轉成線上學習；我們家的兩個女兒，也每天都坐在電腦前面，透過網路上課。我因此發現，很多老師開始摸索：如何讓線上教學更有成效？學生能更專注、更聚焦？甚至能做到實體課程的互動、參與、甚至教學遊戲化？

▲各級學校學生，包括家中兩個女兒，都開始線上學習。

　　然而，老師們畢竟不熟悉線上工具，實體到虛擬的轉化有其現實上的困難，甚至連教學平台的選擇都有諸多限制；要在極短的時間裡從教室上課轉為線上教學，還幾乎沒有摸索或應變的時間……，台灣的老師們，辛苦了！

幫助一個老師，就幫助更多的學生

　　疫情爆發以來，我看到：好兄弟葉丙成老師開始匯集線上同步教學資源，提供老師們一些不同的線上同步教學建議或資源；游皓雲老師跟大家分享線上互動的方法；趙胤呈老師親身示範 Zoom 的操作技巧；更別說，早在去年 Wally 老師就已開課教授如何利用 Zoom 進行線上同步教學……。這個時候，身為許多老師的「教學教練」，也許我也應該做些事情，實現「幫助一個老師，就可以幫助更多的學生」的理念不是嗎？

▲事前充分準備，開始前進行測試，以確認各項細節。

去年的我，已經運用「教學的技術線上課程」，突破原本線上非同步教學的限制，用三機三鏡的方法，做到了「把教室搬到影片裡」；今年的疫情，也許就是我把「教學的技術」變成「線上教學的技術」的時機。

我立下的目標是：首先，突破網路的限制，用線上教學的方式來呈現實體課程的參與氣氛、大量互動、專注學習、以及遊戲化教學……；其次，用最簡單的方法，不依賴過多的資訊工具，和教室上課一樣控制好課程的緊湊節奏，讓大家在參與的過程忘了分心、忘了手機、忘了時間、全心投入設定好的課程中。

如果你參與過線上課程，你就知道這樣的目標很難達成——滑鼠就在學員手上，前後左右都沒有別人，要他不分心去看其他的網頁或 FB，我真的做得到嗎？

答案是：經過幾次的實驗，我差不多做到了！

理論上，我應該要仔細拆解過程中的每個動作，但拆得太細的話也許反而抓不到重點；所以，我決定直接切入重點：線上教學時，可以使用哪些「線上教學的技術」，來完成線上同步互動教學？

講述法

線上講述當然是最基本的方法，但是效果要好，投影片是一個很重要的輔助。其中的三大技巧：大字流、半圖文、全圖像，再加上「講到才出現投影片」，是最重要的關鍵！

呈現的過程，如果可以用雙螢幕，再加上分享部分區塊螢幕的方法，就可以同時看到投影片及線上同學的畫面（細節部分，後面的文章會仔細說明）。

問答法

在線上課程進行問答法，似乎是很簡單的一件事；但是，要真正做好問答法，手勢、分組和遊戲化規則的導入就變成非常重要。只要人數不是很多，實際在螢幕前舉手，會比利用舉手的功能更好。至於怎麼激勵大家舉手和回答，我會在後面的「遊戲化機制及操作細節」中仔細說明。

選擇法及排序法

「問答法」只能一次對一人互動，「選擇及排序法」就能一次對多人，大家同時寫下答案、對答案，然後再往下進行。只要事先請學員準備半張 A4 紙，老師則利用投影片出題目，然後讓大家寫答案……；用最簡單的工具跟方法，就可以創造互動參與。

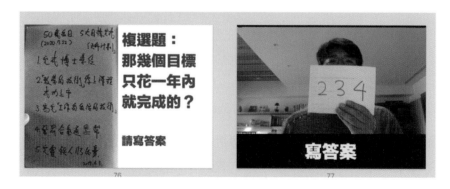

▲示範如何呈現排序過的答案。

演練法

　　和實體課程一樣，「說給你聽、做給你看、讓你做做看」這三個原則，在操作線上演練教學時是相同的！最重要的是要有示範，其次是指令要清楚、甚至多次重複，才能讓學員可以精準完成老師的指令。

影片法

　　線上授課時，影片仍然只是教學的輔助，而非教學主體。記得，影片一定要簡短、聚焦、有目的性！要假設學生很快會分心！所以，在播放影片之前或之後，都應該先提示重點或有學習活動。此外，上課前都要先一一確認每段影片的聲音和影像是否能正常播放。

　　以上五個「線上教學的技術」，實體課程中我們也都在用，只是現在既然轉成線上操作，就必須有一些細微的調整。一旦運用純熟，只要設計在課程中，就會很有效地活化整個課程，並且讓學生一直專注在學習上！

　　再次強調，上面這些教學方法，和使用任何線上軟體都沒有關係！無論你用的是 Zoom、Webex、Meet 還是 Team……，都可以完成前述各種線上教學方法的操作。

　　教學的本質，就是「學習成效」。不被五花八門的軟體功能所迷惑，想辦法用最簡單的工具完成最有效的教學，核心策略「最小化資訊需求，最大化教學效果」才是我嘗試這次「線上教學的技術」實驗的目的。

暖身1：線上分組

個人簡介 20 秒
名字。工作。現在地
選組長 生日最近
寫下討論室編號

時間2分鐘
結束設15秒離開

▲線上分組討論的操作。

　　但是，如果想要操作重頭戲「小組討論」，呃……就真的需要依賴某些軟體所提供的功能。所以，下一篇我會從頭細說，如何從「教學的技術」到「線上教學的技術」。

第三堂

課程精彩關鍵與課前準備

　　往下閱讀之前，你必須先對「教學的技術」有一些認知，才能夠理解我說的一些教學技術的觀念，也會先對我說的教學場景和氛圍有一些基本的認識。因此，請容我簡短地摘要一下什麼是「教學的技術」。

　　傳統教學最常用的方法是講述，但因為學生容易分心，造成講述的學習成效不佳，所以我透過幾年來在企業內訓教學的磨練，系統化地整理了「教學的技術」：利用一些不同的教學技巧（如問答、小組討論、演練、影片……等），仔細規劃一門課程的開場、過程、結尾（如課程開場時建立分組團隊，過程中融入教學遊戲化操作、結尾時強化教學重點等技巧），整個教學利用ADDIE 流 程（Analysis, Design, Development, Implementation, Evaluation）做整體規劃，清楚掌握並做好真正的學習關鍵和目

▲2019年出版的暢銷書。

標設計，藉此規劃出一個讓學生全神投入、專注參與，甚至忘了時間而進入心流的課程。

精彩教學的核心

如果你仔細閱讀上面那段濃縮文字，你會發現，進一步再濃縮後，精彩教學有三個核心：

1. 互動教學技術：持續互動、緊抓學生的注意力，才不會只是單向講述。

2. 分組團隊：互動是以小組、而不是以個人為單位。把學生打散到小組中，以小組為基本單位，教學互動才會更有效。

3. 遊戲化：在教學的過程中利用遊戲增加參與動力。遊戲化不是真的玩遊戲，而是把遊戲的元素，如常見的 P.B.L. 三大元素（點數〔Point〕、獎勵〔Benefit〕、排行榜〔Leaderboard〕）融入教學的過程中。當然，遊戲規則、無風險環境、公平、即時回饋機制……等也都非常重要。

而且，上面三件事情還要全部一起結合，才能達成最好的教學效果！實體課程是這樣，線上課程更是如此！

如果你不熟悉「教學的技術」，也請老師不要驚慌，你可以一次只用一個技術：先用互動教學技術，再慢慢導入分組團隊及討論，最後才嘗試融入遊戲化。只要多用幾次，多做幾次，技巧就會越來越熟練，效果當然也會越來越好！

以下是我整個從準備到操作，以及過程中的技巧細節。從參與學員的學習體驗心得，可以證明技巧是真的有效；但要提醒大家的是，每個細節其實都有經過事前的思考和規劃。

課前準備

　　這次實驗最主要的重點，在於我想複製實體課程的聚焦及氛圍，也就是要像實體課程一樣，能夠讓大家踴躍參與。其中最需要突破的重點，就是導入分組團隊及遊戲化元素。

分組功能的事先測試

　　分組團隊相對比較簡單，因為 Zoom 和 Webex 本來就有自動分組的功能（而且長得蠻像的），我只要熟悉並且驗證一下如何進行分組操作、如何從小組回到主會議室、然後主持人如何在小組間移動……這些功能就好了。

▲課程之前先自我演練，以便熟悉分組的操作，一個人用四個設備、四個帳號登入。

▲主控端召開會議，其他設備參與，模擬會議環境、分組狀態與訊息傳遞的情況。

　　但是，一個人在家怎麼練習分組？我的做法，是用多設備、多帳號登入。我分別用 Mac、手機、iPad 和 Windows 平板申請了四個 Zoom 帳號，然後主控端用 Mac 召開會議，讓其他的設備參與，就可以模擬出四人的會議環境。接下來就進行線上分組操作，再看看不同的設備上分組的狀態及訊息傳遞的情況。

　　用多帳號登入，除了可以解決線上課程備課自我演練的問題，之後也可以監看線上課程的狀態，我覺得是個不錯的方法。如果沒有這麼多的設備，單用電腦和手機組成最小的兩人測試小組也可以。

教具準備：白紙和粗筆

　　這次進行線上教學時，我還有一個目標：用最少的資訊工具達成最佳的教學成效。因為當資訊工具一多，不只老師會手忙腳亂，同學如果必須在不同的資訊工具中切換，就好像上課到一半

必須換到不同的教室上課一樣，每一個切換都會浪費時間，而且還得重新聚焦。因此，「怎麼使用最少的資訊工具」是我這次操作的核心。

那麼，如何進行教學互動？又如何進行小組討論呢？

我想到的解法是：白紙和粗筆！

這兩樣是學生最熟悉的工具，完全不會有上手困難度的問題。我實驗操作了一下，發現只要 A4 影印紙的一半大小，就足以用來線上討論，而且半張 A4 紙也容易拿在鏡頭前，不會遮住自己的臉。跟平常教學一樣，用粗筆書寫，鏡頭前投射出來都蠻清楚的。

利用白紙和粗筆，不只可以進行小組討論、還可以進行選擇式的問答或排序，也可以讓個人進行遊戲化的計分（詳細的操作，後面會再說明）。

▲只用白紙與粗筆，就能使用最少資訊工具並滿足所需。

因此，課前我透過訊息發了指示，請參與的同學準備：A4 白紙三張（裁成一半大小）、粗筆（簽字筆或白板筆），並且上傳了示範用的照片，請大家依我的指示，完成空白的小組計分板。這個訊息要在課程前一天就發出（當然課程當天一開始做也行，但會花上一點時間，不如課前就準備好）。

Google表單

如何在線上教學時導入遊戲化的元素，是我另一個要攻克的線上教學重點。這兩年寫了兩篇教學遊戲化的研究論文，讓我對教學遊戲化的核心有了更清楚的了解。除了前面談到的以分組團隊做為遊戲化基礎外，如何流暢地進行遊戲化三元素（也就是 P.B.L. ——點數、獎勵、排行榜），是重點中的重點。

思考了很久（因為想盡量簡化和流暢），有一天突然想到：我可以用手寫計分加上 Google 試算表！也就是過程中每一個互動的計分，請個人記錄在手中的表單上，然後每一個回合再請小組統計，登錄在共用的 Google 表單上。這樣似乎可行，也不會花上太多時間。

為了讓大家可以熟悉並且登入共同的 Google 試算表，我在課前開好了 Google 試算表，並且開啟共用，然後把表單縮網址後，傳給每個參與的同學，請他們上網去登錄「個人資料」，像是簽到一樣，並且請大家把網址記起來或 bookmark。目的只是要讓大家熟悉網址，以及確認可以操作共用 Google 試算表。

雖然 Google 試算表已經算是小突破了，但是在「最小化資訊需求，最大化教學效果」的核心原則下，我一直持續思考，甚至到後來越改越簡單，連統計也用手寫，相關做法請參見後面第九

堂、第十堂遊戲化主題的專篇文章。

	A	B	C	D	E	F	G	H
	Zoom 房間號碼	組長	成員1	成員2	總計	第一回合	第二回合	第三回合
2	測試組	王永福	葉丙成	謝文憲	12300	0	800	500
3	Room 1	家澄	ALEXA	鴻彰		11000	3000	
4	Room 2	景泓	岡輝	幼先		3000	3500	
5	Room 3	雅涵	聖惠	慶玉		12000	3000	2000
6	Room 4	燕翎	景超	Joan		5000		
7	Room 5				0			
8	Room 6				0			
9	Room 7				0			
10	Room 8				0			
11	Room 9				0			
12	Room 10				0			

▲上課前建立Google試算表，開啟共用，並將連結先傳給學員，請大家確認操作。

建立備用連絡管道、開好會議室

　　因為線上課程不像實體教室，若有問題可以當面溝通，如果有人斷線連不上，老師在教室根本看不到學生，而學生也無法登入教室和老師溝通。因此，為了避免問題，先建立一個備用連絡管道是很重要的。我的方案是建立 FB 群組訊息，事先讓大家都加入同一個群組。前面提到的課前準備及連絡，都透過這個群組發送，並且可以得知大家是不是都看到了。用 Line 當然也可以，但不建議用 Email，因為即時性不夠。在線上教學過程中，我也會一直開著這個備用連絡管道（用一支獨立的手機），隨時確保如果有學生被登出或無法登入時，還能夠透過這個備用連絡管道連繫上老師。

　　另外，會議室也可以先開好，並且事先（我是提早一天）透過訊息傳給準備要上課的同學們（包含網址、密碼等資訊），這樣大家要上線時不會太忙亂，也可以提早確認軟體以及能否連線。

積極面對,設法搞定

其實,不管是實體或線上,一門好的課程都需要不少的課前準備。只不過,線上課程的準備和實體課程還是有些不同。

因為是透過網路,我覺得一開始先建立通暢的連絡管道(不管是 FB、Line 還是其他通訊軟體),對於接下來步驟的進行相當重要;事先開好會議室、固定網址,然後提早上線測試,更可以減少變數。

教具準備的部分,因為只要紙和筆,倒還蠻簡單的,但是為了達到教學時透過鏡頭分享的效果,事先可以請學員測試一下鏡頭是否正像(而不是鏡像)。這些都可以透過事前的溝通進行確認。

因為我想模擬更真實的狀況,所以我並沒有事先分好小組;這部分,在一般學校的教學應該不成問題。遊戲化和 Google 表單算是高階技巧,雖然我這次一併測試,但如果老師不太熟稔,也可以暫時跳過。

簡單一句話:線上教學確實是對老師們的一種挑戰,但對我來說也是!我的態度是:積極面對,設法搞定!因為現下看來疫情還沒有那麼快會過去,即使情況穩定了,未來也會有許多運用的機會。如果線上課程是必需,那我們就得想辦法追求更好的教學成效,說不定在過程中,還會有意想不到的收穫呢!

再次強調:本系列「線上教學的技術」所分享的技巧,都會盡可能降低對軟體功能的需求;也就是說,大部分的技巧不管哪一個線上會議軟體都可以使用!不要被軟體卡住,想辦法克服,不就是我們教學生的態度嗎?真正的問題本來就不在軟體,而是

在「教學」啊！

▲時代變化，教學的技術永遠是個挑戰，持續精益求精！

第四堂
關於「線上教學的技術」幾個問題與討論

看到上一篇為止，也許你心中已有一些疑惑？事實上，我們連續兩週完成了五場「線上教學的技術」免費教學課程和大型演講，人數從 12 人到 200 人，採取分組互動、遊戲化激勵，利用不同的教學技術及課程設計方法，讓大家雖然是坐在螢幕前，也能感受到現場的強度及互動的氛圍。效果很好，但也收到了很多詢問。

因此，在提供更多要訣供大家參考之前，我想先來解答幾個詢問度較高的問題。

什麼是「最小化資訊要求、最大化教學效果」？

這是我在設計這五場「線上教學的技術」時，最主要的核心策略。我希望突破線上教學的資訊障礙，讓老師不被太多的資訊工具所綁住，學生也不需要不斷在工具之間轉換。我想要用最簡單、最直覺、甚至是大家最熟悉的方法——也就是紙跟筆，來完成一場順暢又有效的線上教學！

福哥對資訊技術或新工具不熟，才不用Kahoot、Quizlet 這些軟體？

嗯，剛好相反！

我玩電腦超過 30 年了（第一台電腦 8088），曾經用 PE2 + HTML 手寫出國內第一個建設公司的網站，也出版了國內第一本 Joomla 123 架站很簡單的 CMS 電腦工具書，現在讀的也是資管博士的學位……，就是因為喜歡、了解電腦和資訊工具，才不會被資訊工具所迷惑，希望盡量用最簡單的軟體，造成最大的教學效果！

雖然前面兩篇都沒提到，我覺得像 Kahoot、Quizlet 等也都是很好的軟體；事實上，我還有 Quizlet 的付費帳號，用來協助孩子背英文單字。但是，身為老師兼電腦專家，我很明白每一個軟體的使用就是一個工具的門檻，總是要先摸索學習，很花時間；而每一個軟體的切換，又是一個注意力的轉換，切過去、再切回來，你確定學生能像你動作那麼快？一直追求資訊工具的使用，對老師及學生有可能產生工具學習的負擔甚至焦慮，最後反而會讓大家忘了教學與學習的本質。

那，什麼是「教學的本質？」

這是個大哉問，我們先聚焦在一個很小的範圍就好：「請問你的課程精彩嗎？能吸引學生、讓學生有收穫嗎？」我們先不要管實體或線上，就只單問這個核心問題，答案是什麼呢？

如果你的課程精彩，能夠吸引學生，你要面對的就只是從實體轉換到線上的問題；如果你的課程本來就有點乾……那麼，不

管是從實體轉線上或線上轉實體，也都難免會有點乾。教學時，有些核心是不會因為線上／線下就有所轉變的，這便是我所說的「教學的本質」。

可以舉一些實例，說明「最小化資訊要求、最大化教學效果」嗎？

這幾次「線上教學的技術」的課程或演講，我只要求大家準備白紙和一支筆，就用手邊的紙筆參與討論，像是選擇法或排序法（在紙上寫答案，秀在螢幕上）、問答法（實體在螢幕前舉手，人數太多時才開放虛擬舉手）、小組討論法（讓大家分為小組討論，並且在白紙上實際寫下答案，秀在螢幕前讓大家都看得到）、演練法（依照我在螢幕前的指示和示範，由學員自己完成一些動作），幾乎不會出錯。還能用最簡單的工具，完成從小班到規模200 人的大型互動演講。從實際的操作中證明，不用過多的資訊工具，還是能完成一場場精彩的課程或演講。

那就不應該用資訊工具了嗎？

當然不是這個意思！更精準的說法是：「不要被資訊工具所限！不要讓自己卡在資訊工具前，因而忘了教學或學習的本質！」如果老師們心裡已經規劃好，覺得課程中應該導入某一個資訊工具，才會讓學習效果更好，並且經過仔細考量，知道如何在課前或課中讓學生熟悉工具的使用，並同步完成進度確認，最後也考慮到不同工具切換的時間，以及如何喚回學生且再度回到課程……，在這些都已考慮清楚的狀態下，我認為不論是資訊工具或非資訊工具，只要對教學效果與學習成效有幫助，都是最好的

▲線上大型演講的邀請與說明。

選擇！

線上教學除了課程本身，還有哪些重要的關鍵？

　　之前「線上教學的技術」200 人大場演講，除了教學與演講的內容設計之外，最大的挑戰是課前連絡的即時性管道建立。

　　從週六早上葉丙成老師發佈訊息，到週日早上 11:00 開始演講，我們只有大約 24 小時的時間完成報名、挑選、通知、上課。謝謝憲福育創的兩位夥伴 Ariel 和 Emory 的線上行政支援，不管入選或沒入選，都一一回覆 Email 給大家；也謝謝合夥人憲哥總是支持我的任性；另外也要感謝 Andy（劉滄碩老師）對 Line 群組訊息的顧問指導，讓大家可以快速成立一個即時的課程訊息通知社群，這不僅讓我可以發佈課前提醒、教具準備、時間及線上教室地點，

甚至還在緊急時刻發揮了超重要的功能。

在此我也建議老師們，不妨設想一下如何建立課程專用的連絡管道，有問題時才能即時通知和解決。（其實我很少用 Line，這個課程的 Line 訊息也敦請大家不要聊天或打招呼，只為課程連絡用。當然，用 Email 也行！）

線上課程有遇到什麼突發事故嗎？如何解決？

當然有，而且現在想起來還驚魂未定！

最可怕的一次，是週日的 200 人場，我們提早 20 分鐘開會議室，結果在開始前 10 分鐘會議室竟然卡住了，很多人都進不來！我從即時訊息 Line 那裡發現這個狀況時，心跳停了一拍，然後開始緊急處理。

一查才知道，原來 Zoom 的付費版還分成不同人數，而一般的付費版最大上限是 100 人。因為從來沒辦過這麼大的線上即時場（這不是一般的直播，而是每個人都要開鏡頭互動的！），所以根本沒有注意到這件事，只好手忙腳亂地立馬進行線上升級，費用都沒看就把卡刷了下去！還好的是，果然可以即時升級，真是嚇出我一身冷汗！

其次，70 人的測試場則是發生網路太慢造成即時影像大延遲。原來是因為 Mac 筆電自己選擇我家的舊無線網路，而不是新的 Mesh AP；還好我手邊有一個監看用的設備，即時發現後馬上處理，才又有驚無險地過關。

所以，線上課程還是有很多不同的檢查點；有一些，沒遇過你還真不知道、想像不到呢！

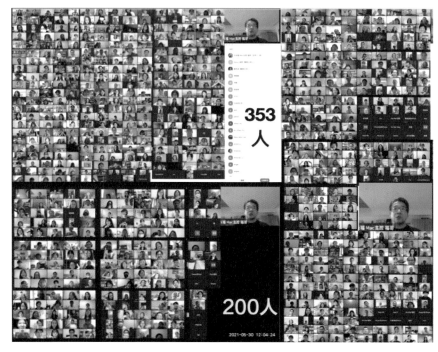

▲累積了近10場超過1000人的教學示範與演講。

為什麼要免費分享「線上教學的技術」？背後有什麼動機嗎？

回想起來，免費的事我還真做過不少。

過去我早已把職業講師在上市公司的訓練手法，寫成「教學的技術」系列文章，在「福哥的部落格」免費公開；2019 年則結集文章，出版《教學的技術》一書；2020 年用突破性的三機三鏡手法，推出「教學的技術」線上課程，同時也打破台灣線上課程那時的募資銷售紀錄，超過 5000 位老師購買。

這次疫情突然來襲，全國的老師們瞬間被迫轉為線上教學，我在 5 月 18 日早上（下午才發佈全國停課）寫下「發展遠距教學的技術⋯⋯，我不出手，誰能⋯⋯」（請原諒我自我激勵的豪語），

只希望提供一些個人經驗和角度，讓有需要的老師多個後援。

也許，讓更多人知道「教學的技術」，知道這些技術可以突破線上和線下，然後讓更多老師認識我……算是對我的好處吧？

這幾次「線上教學的技術」參與者是怎麼挑的，為什麼都沒挑中我？

先講最大場的 200 人這一次吧，原本報名的人數驚人地超過了 2000 人，我們先是覺得，目前在學校任教的老師應該最需要這樣的火力支援，但光是只收老師還是遠遠超過 200 人，只好用電腦隨機數產生器來挑選，以求公平。

至於 12、15、25 人，既然是測試場，我當然找熟人夥伴，也就是參加過我實體課程──包含「專業簡報力」、「教學的技術」和憲福育創的學員──來參加（表現失常或需要調整時，他們最能接受）。

70 人的這一場，大部分是完全不熟的學校老師，少部分熟人。即便如此，沒被挑中的人還是很多，在此跟大家致歉！

所以，是要鼓勵大家去買《教學的技術》或「教學的技術──線上課程」嗎？

請勿衝動！信用卡先收起來！

《教學的技術》全書至少有 80％的內容在「福哥的部落格」都找得到，而且當然免費！「教學的技術──線上課程」的精華，也就是「小組討論法」及「遊戲化」，也已經免費釋出在網路及「福哥的部落格」上！另外，由於合約關係，「教學的技術──線上課程」已經調回原價 6800（雖然相對於實體課程的六位數價格已

經很低了，但疫情還沒平息的現在，這個價格對很多老師仍是不小的負擔）。希望大家先不要買，讓我再來看看能夠怎麼做好嗎？（註：後來福哥開了團購方案，詳見 teach.afu.tw）

還會有免費的演講或體驗課程嗎？

之前為了週日早上 200 人規模的演講，我先測試了三場教學，從 12 人、25 人，然後再換 Webex 進行了 15 人的教學，而演講前的整個週六，更是自我隔離備課，從早上九點到晚上七點，然後週六晚上再辦一場 70 人測試場。測完之後課後檢討 AAR 和即時修正到凌晨一點半。隔天又一早起來準備 200 人大場……。整個假日真的像拋家棄子，十分累人，但看到大家滿滿的心得和收穫，瞬間很開心、滿足！

現在手邊還有一些專案：簡報認證推動與簡報溝通協會網站、教學的技術——線上防疫包補充專案、明年本來就計畫要進行的教學遊戲化的技術專案，甚至是我繼續等待中的博士論文及期刊回覆……，一時很難再舉辦這麼大場的活動。我先整理一下手邊的工作，盡快評估後續的可能性。

第五堂

講述法與問答法

我是如何轉化「教學的技術」到「線上教學的技術」，操作原則是什麼？有哪些相同？又有哪些不同？

再次強調，因為我的策略是「最小化資訊技術，最大化教學效果」，所以接下來的線上教學技巧，與使用什麼軟體無關，不管是 Webex、Team，還是 Meet、Zoom⋯⋯，通通都可以用。真正的重點，是在老師對教學的思考及設計。方法都很簡單（但很簡單的方法卻讓我想了好久），相信老師們一看就會！

講述法與投影片技巧

講述法當然是最基本的教學方法，實體課是這樣，線上課也一樣。但是，實體課的現場肢體語言及聲音變化等，經過線上的小螢幕效果會大打折扣，所以如果想做好線上講述法，投影片會是一個很重要的輔助工具。

線上投影片與實體投影片的原則都差不多，就是運用三大技巧——大字流、半圖文、全圖像——來呈現（操作參考：投影片發展）。條列一大堆文字，然後要讓大家逐字看或念下去的投影片，實體課程已經效果很差，拿來線上教學效果只會更差！要記

得你的學生都在線上，也許上課時還另開了一個 FB 或瀏覽器視窗。如果你的投影片還是那種文字轟炸，也怪不得學生會分心了。

最重要的技巧是：講到才出現！因為線上已經不太能夠利用投影筆或指標來指示，所以投影片「講到才出現」便成了線上教學投影片的重要技巧。

請記得，只要掌握「講到才出現」就好，不要太花俏炫目！不需要用複雜的移動動畫，連淡出、淡入都不用。我自己，甚至更常用逐格投影片來做出動畫效果，目的只是透過逐段出現來吸引學生的目光，並強調出重點。

小秘訣：如果有雙螢幕，對於同時播放投影片和看到學生畫面，教學操作或感受性都會更好。我是用 Mac 筆電當主螢幕，同時外接一個 Dell 的 Full HD 螢幕當成第二螢幕（用 Full HD 解析度就行，價格適宜也夠用）。主螢幕放的是投影片，第二螢幕放Zoom 軟體畫面，學生的視訊方格就在上面。（詳細做法，請參考《工作與生活的技術》〈多一個螢幕，多一倍效率〉、〈延伸螢幕 iPad〉。）

問答法

在線上課程進行問答法，其實是很簡單的——只要老師出一個問題，點名學生開麥克風回答。但是，如果不希望只是單向的一問一答，甚至想讓問答法變成聚焦和思考的方法，讓學生願意主動「搶答」，分組與遊戲化規則的導入就非常重要了。

例如我在線上教學時，就可以問大家：「請問福哥有哪些專長或興趣？」然後請大家搶答。我會再次提一下，搶答的方法是請大家在螢幕前「實際舉手」，被我點到的人開 Mic 回答。有回

答的，不管對不對都會加分。答得越好加分越多……，然後，加分時大家直接記錄在手邊的個人記分板即可。

看到這裡，老師們可能已經發現：我刻意請參與的同學在鏡頭前舉起「真正的手」，而不用軟體的舉手功能。除了塑造真實的參與感之外，也讓大家減少分心，不必額外操作軟體。主流線上教學軟體一次可以看到 25 ～ 45 個人，一個螢幕就能看到所有人舉手的狀況，同學在鏡頭前舉手也可以活動一下，增添參與感！

但是，如果是大型演講，就不能這麼做了。一旦參與人數過多，畫面無法同時看到所有的人（353 人的場次，要切割 15 個畫面）。這時就可以開放軟體舉手的功能——只要學員一「舉手」，他的畫面會跑到前面來，老師也就可以點名他回答。點名時也可以直接按鍵請他開聲音，他就知道要回答了。

▲請小班級的同學舉起「真正的手」，舉手情況螢幕上一目瞭然。

如何塑造參與動機？

兩個小提醒：人數太多時，軟體舉手常常會刷屏，也就是畫面會一直有人舉手，反而造成干擾，所以上課前要先規定一下；

另外，最好可以在課前提醒，請大家熟悉一下軟體的舉手功能，才不會造成有人因為找不到這個功能，反而無法參與。

其實，不管是問答法或接下來的其他互動教學技巧，真正的難處不是技巧本身，而是塑造「參與動機」。也就是說，你必須好好思考：在你提問或互動時，大家真的會踴躍舉手、熱情參與嗎？

推動熱情的核心，就在遊戲化及分組機制。在有效設計的激勵之下（也就是一開始上課請大家準備的空白記分板，還有強化分組機制，以及即時給分獎勵），大家的參與度才會變得超高，甚至彷彿我在上的是實體課，要請大家把手放下來才能繼續講課。這個核心秘訣及操作，老師們務必多花一些心思！

從我個人的經驗來推想，我一點都不擔心老師們「不會」問答法，反而比較擔心大家「只用」問答法，或「亂用」問答法——也就是想到就問，甚至把問答當成抽點的工具。

問答法雖然簡單，但也要經過設計才能發揮效用。讓我們還是回到和教學目標及成效的連結，先問問自己：「我問這個問題，是期望學生有什麼收穫？或是得到什麼效果？」更好的方法，是混和使用除了問答法之外的不同做法，這樣才會讓教學節奏更有變化，也更能夠抓住螢幕前學生的注意力。

第六堂

選擇法與排序法、影片法、演練法

　　標題上的這三個要訣，都和上一篇有相關性，因此，如果你是分兩次讀，最好稍微回想一下上一篇的內容。

選擇法及排序法

　　問答法只能一次對一人，也就是老師先問一個人，回答完後才能問下一個人；如果想要多人同時參與，就可以應用選擇法及排序法。這方面我在實體「教學的技術」中曾經談過，同樣的方法轉換到線上，既簡單又好用！

　　實務上的操作原則是：事前請大家先準備半張大小的 A4 紙（A5 尺寸，這是我測試過最佳螢幕前操作的尺寸），然後老師可以出一個選擇題，例如：「以下五本書，哪些是福哥的著作？」

　　1. 教學的技術

　　2. 拆解問題的技術

　　3. Joomla 架站 123

　　4. 拆解考試的技術

　　5. 上台的技術

　　然後，請大家先把答案寫在半張 A4 紙上。如果擔心大家不曉得如何操作，可以做一個示範畫面，讓大家知道答案怎麼寫。

　　寫好答案後，就請大家舉起半張 A4 的答案紙來，再一起對答案，有全對的就加分或鼓勵。實測的結果是，大家都玩得還蠻開心的。

　　當然了，題目可以從簡單的單選到複雜一點的複選，再進一步進階到排序、甚至還可以變成配對，例如左側為 ABC……，右側為 123……，請同學組合哪些項目屬於哪些類別。只要有創意，題目是可以有很多變化的，卻只要簡單的白紙、筆，就可以創造一對多的互動。還是要強調，回歸到教學主體，用最簡單的工具跟方法，來創造互動參與，才是我這次「線上教學的技術」想實驗的目的啊！

演練法

　　在實體課程中，要操作好演練法有三個原則──我說給你聽、我做給你看、讓你做做看。線上教學時，原則也是相同的！

　　在實際進行的線上教學演講中，我沒有刻意安排複雜演練的段落，但是過程中我會請大家製作個人計分表，或利用 A4 紙寫下答案，甚至請大家把 A4 紙當成壁報紙，進行小組討論。結果是大家都可以順利完成，沒有搞混，過程也很流暢，關鍵就是因為我遵循了演練法的三大原則。

步驟1：我說給你聽

　　舉例來說，我會先口頭說明：「請大家待會把討論的成果寫在紙上……」，或「請大家待會進小組時記住組別號碼，並寫在

空白計分表……。」最好可以切割成步驟或 SOP，會更方便說明及理解。

上課前

・全程請開視訊
・8張紙＆粗筆
・熟悉開關Mic
　小技巧：靜音時，按空白鍵可開Mic，放開又靜音
・練習舉手＆聊天室
・Line 群組備用連繫
・預定10:00 開始

Room
1.　　　5.
2.　　　6.
3.　　　7.
4.　　　8.

請確認你鏡頭裡的字是正面

▲口頭說明步驟與SOP。

步驟2：我做給你看

這個步驟很重要，也是最常被漏掉的地方，實體課程如此，線上課程更是。所有我要大家進行的操作或演練，都會先拍一張示範的 Demo 照片；譬如：如果要大家製作小組計分表，我就自己先做好拍起來；如果我要大家利用半張 A4 紙記錄，我也會先寫好 Demo、拍起來。我交代完指令時，投影片也會同時秀出相關的 Demo 照片；這樣大家一看就懂，知道我想讓大家完成什麼。如果老師們沒時間先拍起來，在鏡頭前實際示範應該也是可以的。

分數算完劃掉XD

▲秀出事先做好的示範照片。

回來時打分數
在聊天室

Room 號碼：分數

▲或者在鏡頭前實際示範一遍給學生看。

步驟3：讓你做做看

　　經過說明和示範後，就可以請大家操作了。如同我教實體課的習慣，我會規定一個時間，請大家在時間內完成。這時畫面可以停在指令或示範的投影片上，讓大家不會做到一半忘了指令，並且有一個操作流程可以隨時參考。如果已經進入小組討論室（小組討論下文會提到），我也會利用群發訊息的功能，再說一遍要大家完成的指令。

　　這些做法，都是讓大家可以精準完成老師指令的演練重點。

影片法

　　疫情期間，應該已有不少老師很習慣在線上課程中播放影片了。

　　以影片來輔助教學，本來就是一種生動的教學方法；但是，在實體教室放影片和在線上教室放影片效果還是不同。原因很明顯：在線上放影片時，你要假設學生的視野裡還可能有別的也很有趣的影片或畫面，因此他不見得會專心觀看你的影片。

　　改善的方法是：別忘了影片是教學的輔助，而非教學主體！因此，你可以在播放影片前就先強調：「等一下在影片中，請注意……」，然後在影片播完後提出問題或要求討論。也就是說，你要事先提醒影片會是接下來要討論的對象：「待會放完影片，我們會討論……」。有了這一層提醒，就可以讓大家更專注於影片重要關鍵的學習。

　　當然，影片還是不能太長！和實體教室應用影片法一樣，我認為可能短短半分鐘到一分鐘就要切一個段落，也許接上一兩個問答，也許是講師的補充說明。萬不得已，最長也不能超過三分

鐘，就應該回到教師的講述或討論。如果一次放個十分鐘甚至半小時的影片，而且還是線上課程，那就不是線上同步教學，比較像是非同步教學了。

第一次墾丁
體驗潛水時

請詮釋我在水下表達什麼

設定影片最佳化分享

▲播放影片前，提醒看影片時要注意什麼；影片播完後，提出問題或要求討論。

▲影片是輔助，不能太長，半分鐘到一分鐘就要切一個段落。

另外，有一個重要的小技巧：播放影片時，最好先只播一小段就暫停，確認一下：線上的同學是不是都可以看到影片？有沒有聲音？確定無誤後才繼續進行影片播放。要不然，如果不幸過程中沒聲音或是大家根本看不到，那就達不到效果了！

最小化資訊技術，最大化教學效果

你發現了嗎？無論是上一篇的講述法、問答法，還是本篇的選擇法與排序法、演練法、影片法，都和你採用什麼會議或線上教學軟體無關；不管是 Webex、Meet 或者 Team、Zoom，都可以完成前述不同線上教學方法的操作。這當然是我刻意這麼做的，因為我最希望的是大家都能守穩「教學的本質」，也就是「學習的成效」，也就是我一再強調的「最小化資訊技術，最大化教學效果」。

不被軟、硬體工具所迷惑，想辦法用最簡單的工具完成最有效的教學，才是我這次「線上教學的技術」實驗所想完成的目標。

不過，接下來的要訣：小組討論、遊戲化……，就真的需要依賴軟體所提供的分組功能了，並搭配一些分組前的暖身及準備動作。但是，先前那一場 353 人的大型演講示範，讓我有個意想不到的收穫。

那一天，因為人數過多，我們一開始的分組是失敗的——只能在沒有分組的狀態下，353 人一起在線上學習。但是，透過講述、問答、選擇、影片、演練、甚至單人小組的討論操作（寫在手邊的白板），我們還是成功並且順利地完成預期的教學目標，讓大家在過程中仍有學習與收穫。等到最後一刻分組討論成功時，大家都超開心。換句話說，即使沒用上分組功能，還是可以設計出一個精彩的課程啊！

小組討論法之線上分組

　　寫這篇文章的今天，台灣的老師們已經在家上課滿一個月，不管是熟悉了線上教學或還在摸索，無論如何，老師（和家長）都堅持了一個月，也快撐完這個學期。

　　這段期間，我們也選了個週末，連續兩天特別為醫護人員舉辦兩場「線上教學的技術」感恩專場。也許是幾個星期持續上場，大家對於線上課程及線上演講又更熟悉、更自在了一些，準備演講時，也不再有偌大的壓力或是不確定感。

　　不只教學，很多其他的事也都一樣，「熟悉就會自在，自在才能享受」，想想大家第一次上台授課時，也都是從不熟悉、不自在開始，然後慢慢地把上台教學變成自己肌肉記憶的一部分，不用想太多，自然就可以在講台上做出教學的動作。如今只是轉換了場景，從實體教室換到線上來，也許還是得再次從不習慣、不自在開始；但是，比第一次上台好了很多的是：我們已經具備原有的教學技巧，不需要一切從零開始。只需要習慣一些線上設備及場景的轉換，相信一定可以幾次之後就上手。

　　前面已經談了幾個線上教學的要訣，包括講述法、問答法，還有選擇法（可變化為單選、複選、排序、連連看）、影片法、

演練法；這些方法，在我刻意使用「最小化資訊需求，最大化教學效果」的策略下，都可以跨平台、跨軟體使用，不管老師們用的是 Webex、Team、Meet 或 Zoom……，這些方法都適用，也不會有很大的技術或操作技能要求。希望老師們有機會都可以試試看，藉以轉化課堂氣氛、增加參與及互動，最終達到更好的教學成效。

但是，接下來的小組討論法就屬於進階技巧，也需要更熟悉軟體操作。不管疫情能不能在暑假期間結束，老師們不妨找時間練習一下，說不定，新的學期或新的課程就能派上用場！

小組討論──核心中的核心！

在《教學的技術》一書中，我一直認為小組討論是互動教學的精華，而小組同時也是教學遊戲化的成功關鍵。在實體課程上，我們可以透過桌次或座位安排分組，甚至在數百人的大型演講，也可以利用「站立」與「坐下」兩個動作，快速將數百人分成三～四人小組，然後進行接下來的教學互動及操作。

透過分組，老師可以把個人融入小組活動中，讓個人更有安全感，小組成員間的討論與互動也更緊密，甚至個人也會更敢於與老師進行互動。分組技術及小組討論，可以說是「教學的技術」核心中的核心。

但是，線上課程如何流暢地進行小組討論，關於這個問題，實在讓我想破了頭……。

當然，有些軟體如Zoom或Webex , 本來就有分組討論的功能，可以把人自動或手動區分到分組討論室。但是，小組討論並不只是單純讓人進到小組；分組之後如何建立團隊、有效操作小組討

論，甚至如何把遊戲化的機制融入小組之中，還要抓緊時間和節奏，讓大家可以有效討論並聚焦……，怎樣才做得到呢？

說在前面的是，以下的操作我全程使用過 Webex 和 Zoom，測試無誤。雖然我還是不能理解，為什麼要限制或規定老師使用什麼軟體，但這個問題先暫時放在旁邊。（個人意見：不是哪一個軟體比較好，而是應開放老師選擇，不宜硬性規定或限制，因為只有老師最了解自己的需求！）

軟體自動分組

在平常的教學或演講時，台下的學生或參與成員不一定彼此認識，甚至我還會刻意拆散熟識的群體，而且不事前分組，因為我想呈現更真實的企業教學及演講場景。但如果是像學校的老師或固定班級，大家早已熟悉，說不定本來就已經有固定分組，因此分組及建立團隊的動作就可以省略。

課程一開始，我採用 Webex（或 Zoom）的自動分組以節省時間。分組人數建議仍然和實體課程一樣，每一組控制在 5 人以下最好。這幾次的教學與演講，小教室教學時學生總數是 12 ～ 24 人，大型演講則介於 70 ～ 200 人（最多的那一次有 353 人，但 Zoom 超過 200 人時，分組最多只能 30 組，單組人數會太多）。原則上，都是把單組人數控制在 3 ～ 5 人之間。

經過實驗，Webex 或 Zoom 在整堂課程的分組都可以維持固定，也就是第一次自動建立後，第二次開始小組的成員就不會再變動，之後每次開分組會議室時，原班成員會自動在一起，這樣很方便（特殊狀況及處理後面再談）。

▲軟體自動分組，每組人數最好控制在3～5人之間。

建立團隊

第一次進分組會議室時，成員可能都彼此不認識，因此需要讓大家簡單先建立關係，才能強化分組意識。所以就如同實體課程一樣，我會安排一小段暖身時間，大家自我介紹一下（一人20秒），然後請大家記得小組別（也就是討論室號碼），並記錄在手邊的個人記分板（這點遊戲化的部分會談到），最後選出小組的組長，整個時間大約三分鐘，其實也和實體教室差不多。

第一次分組時，讓成員相互認識一下，建立基本關係，甚至交換一下個人資訊（如住哪邊、星座或生日），都能夠更快地建立小組團隊，對接下來的分組討論有幫助。

▲第一次進分組會議室時，成員簡單自我介紹，建立團隊關係，有助於後續的小組討論。

說起來複雜，做起來簡單

雖然線上分組及建立團隊的方法看起來有點複雜，但實際操作時是很快速的，也就是一開場時，馬上透過一個暖身活動，組建好課程接下來會用到的小組團隊基礎。在實體演講時，200～300人的分組我大約不到一分鐘就能完成，線上演講稍微難一點，但大多也不會超過三分鐘。

再次強調：如果是學校老師和固定班級，這些動作就可以省略了。我只是要示範：即使是彼此不認識的成員，也能在線上快速分組並組成團隊。

另外，如果是小教室、人數在20上下的話，分組大約4～6組；動作熟練後，分組的操作和實體課程差不多，可以很快切換到分組，又可以很快回到主教室。但是當人數一多（例如200人，

甚至是 350 人），光是要把人從線上主教室移到分組討論室中，大概就會花半分鐘的時間，把人全部叫回來又要花上半分鐘。這樣一來一回，一分鐘就過去了；這個分組轉換的時間，也是線上課程要習慣的地方。

雖然分組看起來有點麻煩，但如果能掌握好，就可以順利進入下一篇要談的「教學的技術」。

第八堂
小組討論法之操作細節

這段時間以來,我們先以學校老師、醫護人員為第一批支援對象,舉行了「線上教學的技術」大型演講示範,接下來我們邀請了企業人資夥伴,很多人的感想是:這就是福哥的課程跟演講風格啊!參與踴躍、互動熱烈、小組討論投入,只是從以前的實體,轉變成線上,但也因為如此,讓一些人在國外的夥伴有機會參與!

不管是線上或實體,教學設計的想法與教學技術的應用並不會有太大差異,只是線上因為工具及空間不同,有一些動作上的調整。其中,小組討論法一直是我個人認為「教學的技術」中的精華,而流暢地進行線上小組討論,更是這次線上教學實驗的重點。

經過一番苦思,終於想通了簡單卻關鍵的 Know-How,我很高興地向大家說:「線上小組討論可以和實體一樣精彩。」

前提是,你必須掌握以下幾個重要關鍵。

一、題目呈現清楚明白

小組討論法的第一個關鍵,就是題目要清楚!

意思就是——題目要一目暸然地出現在投影片上！

這部分，線上或實體課程其實都一樣，但是線上課程有一個特殊狀況：當大家進到小組討論室後，就看不到投影片的畫面了。有一個替代方案，利用群組廣播訊息再把題目廣播一遍，讓大家更清楚要討論的主題。

另外請特別注意：因為是線上課程，更要確保小組討論時的主題聚焦，最好只討論一個明確的問題，不要有多主題或多任務，而讓學員容易搞混。

二、把討論寫在白紙上

小組討論法的第二個關鍵：討論，要白紙黑字地記錄下來！

這樣做，討論才會是真討論，不會淪為聊天。實體課程中可以用粗筆寫大張壁報紙，線上課程……不行吧？

過去有不少老師會應用數位白板或共同塗鴉板，經過截圖，然後分享畫面。這樣的流程不僅繁雜，而且每個動作都必須熟悉軟體工具的操作，反而造成過多認知負擔，讓小組討論失焦。

想了很久，有一天我恍然大悟：用最簡單的紙和筆就可以完成了啊！

實驗了一下，感覺 A4 一半大小最合適，加上用粗筆（簽字筆或白板筆）來寫的話，稍微靠近鏡頭就可以看得很清楚。

實際操作後更證明了，這個方法簡單方便，確實可以讓討論聚焦。但是如同實體課程一樣，第一次操作時老師仍要清楚指示，所以我事先拍了一張照片製成投影片；大家一看就知道怎麼寫了，討論過程也沒有出現任何問題。

▲討論成果用粗筆寫在A4一半大小的紙上，略靠近鏡頭就能看見。

三、製造時間壓力

　　小組討論要抓緊時間才能聚焦，讓大家專心在討論主題上；實體如此，線上討論也是如此。抓緊時間最好的方法，我認為就是倒數計時。

　　線上操作的技巧，透過群發訊息提醒大家時間還有多久。而這個時間是老師自己抓的，訣竅是先抓緊，再放鬆。總之，就是不斷透過群發訊息，每隔 30 秒提醒一次「還有兩分鐘」、「還有一分鐘半」……。

　　另一個重要的技巧則與軟體有關：在小組討論室快結束時，Webex 和 Zoom 都有一個倒數計時，建議這個倒數的時間設短一點（我設 15 秒）。意思是：當老師說「結束小組討論」時，15 秒內小組討論就會強制結束，大家又會回到主會議室。如果這個時

間設太久（軟體預設是 60 秒），會造成先回來的人一直在等人，節奏就拖慢了。

▲Webex分組討論室，倒數15秒結束。

四、要求發表討論成果

小組討論最後一個關鍵是：討論完後要請大家發表！

因為，如果知道結果要發表，討論就會更當一回事。一進入小組討論的階段，我就會請組長先指派發表人選（一般都是負責寫白紙的人）。所以，當討論結束回到主畫面後，馬上就能讓大家以實體舉手（小教室）或軟體舉手（人數超過一個畫面），來決定發表次序。先發表的加分越多（遊戲化的激勵），而且發表也會限時。掌握好步驟和技巧，即使是線上，小組的討論、發表還是可以非常精彩的！

就和實體操作一樣，記得要請組長每次指派不同的發表人，

讓每個人都有機會上場，整個小組討論的運作才會順暢。因此，切記一開始便要選出組長，並請組長做好指派的任務。

▲組長先指派發表人選，討論結束後，馬上進行發表，小組成員都有機會上場。

高級技巧：在小組討論室移動

老師如何在小組討論室中移動？

我的做法是：過程中我同時登錄兩個帳號，一個是主持會議用（用 Mac 主機），另一個當分身監控畫面用（我用 iPad 或 iPhone）。小組討論一開始，分身也會被排入小組中，這時開麥克風和鏡頭，就可以透過分身帳號參與小組討論，就如同實體課程時老師在各組之間走動一般。

每在一個小組停留大約 10 秒鐘後，我就會把這個帳號移動到下一個小組討論室，大致看看狀況，關心一下（記得是關心，不是參與討論，把討論留給學生）。不斷關照大家的討論進度，也

會對你設定結束時間很有幫助。

這樣讓分身跑來跑去雖然有點忙（要多練習幾次才會熟練），但是效果超好！大家討論到一半時老師突然出現，真的很像實體教室小組討論的氛圍。

▲運用不同設備的帳號，或透過設為共同主持人，在分組討論室之間切換。

▲Webex同樣也可以在小組間移動。

然後，如果會議軟體有支援，只要把分身監控的那台設備（比如我的 iPad）設為共同主持人，便可以單獨用分身設備來做小組間移動的切換，效率更好。

先想清楚「如何做好教學」

在進行「線上教學的技術」實驗的過程中，我發現，雖然從實體到線上需要一些轉換與適應，但是「教學的技術」的核心都是一樣的。因此，在我們討論如何做好線上教學之前，思考的關鍵問題應該是「如何做好教學」。有這樣的心態設定後，再來思考如何運用不同的工具、配合不同的環境做好「教學」這件事。

只要老師們能夠堅守這個原則，我相信，一些外在的因素或挑戰只會讓我們變得更強大！希望你我一起朝著更有效「線上教學的技術」前進，一起學習，一起努力。

第九堂

線上教學遊戲化之大魔王關卡

　　一開始進行「線上教學的技術」示範時，我自己很清楚——整件事情的成功關鍵，就在於怎麼把實體的「教學遊戲化」轉移到「線上教學遊戲化」。只要成功轉移，就等於打敗線上教學的大魔王了；但是，究竟要怎麼轉移才能夠順暢又有效呢？真是讓我想破了頭！

線上教學的大魔王關卡

　　參加過我實體課程或演講的人，很多都對現場的高參與度及互動性印象深刻，甚至懷疑其中是不是有我事先安排好的暗樁。許多年來，不管我面對的是企業主管、醫療人員、學校教師，還是大學生或高中生……，只要來到我的實體教學現場，「互動」從來不是個問題；甚至可以說，「互動太熱烈」才是可能的問題。

　　這一次的示範也不例外。沒錯，經過反覆思考，我打敗了大魔王。

　　也許你不容易想像，但是在幾次「線上教學的技術」示範教學及演講時，我的螢幕經常被爆滿的舉手刷屏，往往同一時間有超過 50 位學員舉手……；不要說點誰回答很為難了，連繼續操作

螢幕都不容易,甚至得請大家「控制」、「冷靜」、「先不要舉手」……。

身為老師,我想,這應該是一種「幸福的困擾」吧。

▲從實體教室到線上課程,都是爆滿的舉手。

比起實體教學,為什麼線上教學時學生更容易分心?因為實體多少會有一些環境的約束力,線上教學時卻不會有教室或秩序的限制;學生上課時,極有可能同一個螢幕上還開著 FB、YouTube 或即時通訊軟體。

那麼，線上的教師如何讓學生更專心、更投入？

別以為學校的老師才會遇到這種問題。如果你教的是成年人，或像我們專業講師一樣教的是企業人士，分心的問題只可能更嚴重！因為社會人士更在意資訊的取得，更喜歡讓自己一心多用，一旦上課時感到無聊或覺得沉悶，馬上就會切換注意力到其他地方。實體課程如此，線上課程的挑戰只會更巨大！

把遊戲的元素應用在非遊戲的領域

遊戲化，是激發學生投入、參與課程的重要關鍵！

這早就不是秘密了。關於「教學遊戲化」的核心與操作，這幾年我已經寫了很多篇文章，製作了公開、免費的線上課程影片，最近兩年甚至還寫了兩篇有關教學遊戲化的期刊論文，也訪問了接近 40 位國內擅長教學遊戲化的專家老師。

所謂「遊戲化」，並不只是在課堂上玩遊戲（那叫遊戲教學或教學遊戲）、也和軟體無關（那叫教學軟體或遊戲模擬）。遊戲化的定義，是「把遊戲的元素應用在非遊戲的領域」（Citation）；所以，「教學遊戲化」指的就是在課堂中應用遊戲化的元素，吸引學生的參與和投入。

常見的遊戲化元素，就是 PBL：「點數」、「獎勵」、「排行榜」（Point、Benefit、Leader board）。有人認為 B 是 Badges，但其實 Badges 也是獎勵的一部分，所以我把它改稱為 Benefit。

除了掌握遊戲化元素外，也要兼顧與教學目標的結合、即時回饋、無風險環境、以團隊為基礎、目標與挑戰、難度漸增……等遊戲化操作原則。已經有太多老師及研究證明，只要善用教學遊戲化，就可以大幅度提升學習者的參與度。至少以我過去十多

年在不同場域的教學體會，只要用得好，這個方法的效果可以說立竿見影。

線上教學如何遊戲化？

不管人多人少，近幾年來，我已經可以自在地運用「遊戲化」在實體教學或演講中了。我甚至不必用到任何軟體或 App，只需要簡單的計分紙筆，先設計好課程的加分機制，並構思互動點，如何激勵出我最期待學生參與的方向或行為，然後提供簡單但有吸引力的獎勵，提醒自己要注意公平的排名機制（當然，分組教學是關鍵），就差不多保證成功了。這些技巧，已經變成我「教學 DNA」的一部分，想都不用想就可以自然而然地出招、換招。

但沒想到的是，才剛轉移到線上教學的我，還沒出招就在這裡卡住了！

其實，早在 2020 年疫情爆發、開始接觸線上教學時，我就一直在思考這個問題。有意思的是，當教學環境轉移到線上時，理論上應該會讓遊戲化變得更簡單才對——畢竟每個人面前都有一台電腦，要做遊戲化計分或排行榜不是更容易嗎？然而找遍目前的線上教室或會議軟體，整合了遊戲化機制的卻少之又少。

也許你會說：「Gather Town 不就是嗎？」嗯⋯⋯Gather Town 只是把線上會議「變得像遊戲」，而不是我所說的「遊戲化」（請參考前面的說明及定義）。如果設計軟體的人員懂得「教學遊戲化」，軟體就應該有計分機制，分組（很多軟體都有）之後一旦有人參與或回答，老師只需用滑鼠點一下人頭，那個學生就會獲得應有的加分，而且加分自動統計到個人或小組上，旁邊還可以有一個「得分排行榜」⋯⋯。如果線上會議室軟體有提供「遊戲化」

的功能，要進行線上教學遊戲化就易如反掌了！（軟體設計師或線上會議公司請快來抄，期待你開發啊！）

但很可惜，繞了一大圈之後，我還是找不到合適的遊戲化整合套件或功能。

自製線上教學遊戲化

所謂「求人不如求己」，既然找不到現成的工具，不如自己來製作一個！

首先，遊戲化的基礎是小組團隊（以個人為基礎進行遊戲化當然也可以，但效果會差很多）。這方面，Webex、Zoom 都有提供分組會議室的功能（聽說 Google meet 也有），重要的是分組不能變來變去，但交給軟體就能搞定。

其次，遊戲化的三個關鍵元素中，最簡單的是獎勵（Benefit），我只要把獎勵線上化就好，譬如……電子書！真正的問題，還是得回到：怎麼給分？怎麼把點數或分數與團隊結合？怎麼讓遊戲化真正啟動？

有一天，我一邊走一邊腦子裡不停想著「記分……記分……」，突然間靈光一閃：「我為什麼要執著於軟體的計分功能？讓大家自己記分就好了啊！」

答案聽起來很簡單，具體要怎麼進行呢？下一篇會有詳細的說明。

線上教學遊戲化之通關密碼

之前我提到把遊戲化複製到線上教學的情境，是讓線上教學聚焦並提高參與度最重要的關鍵！但是怎麼把遊戲化的三大要素：PBL ——「點數」、「獎勵」、「排行榜」，整合到線上教學中，這個大魔王讓我卡關了好久，一直找不到合適的遊戲化整合套件或功能。就在我絞盡腦汁、快想破頭的時候，突然發現一把通關的鑰匙——為什麼一定要使用軟體的計分功能，何不讓大家自己記分呢？

手寫計分板

早期我教課時，都是請組長幫忙記分數。當我說「第 X 組＋1000 分」時，該組的組長就記下來，最後再統計總分。後來上課時偶爾有助理協助，就由助理幫忙記分；後來再微調，改用籌碼計分。但是在幾百人的大型演講現場，還是由小組各自記分。

因此，為什麼要執著於線上工具或軟體整合呢？如果軟體沒提供計分功能，我們就反璞歸真，請大家自己動手記分，不也是個簡單的好方法嗎？

第一場線上教學實驗時，我先請大家用手邊的紙記錄一下。

結果有些人字寫得斗大、有些人寫得很小，或直或橫……，總之就是有點雜亂。後來改成請大家一律用半張 A4 紙，並預先畫上八個計分編號，上面空白處填上組別，每次加分時就自己依序記下來。如果分數加總到小組後，就劃掉該項分數。經過幾次操作下來，大家都做得蠻順手的。

　　遊戲化的三大要素之一——點數計分——終於可以正式運作了！

▲自製的手寫記分板，用半張A4紙，上方寫出組別，編號1~8，依序記下分數。

Google表單排行榜

　　計分解決了，獎品本來就不是問題，那排行榜又該怎麼處理呢？

　　最早想到的方式，是請大家用 Google 表單計分。我的預想是：請大家每一個回合都在 Google 表單上填寫該回合的得分。後來覺得，回合數太多時會花掉太多時間，因此縮減回合數，從第一次

設計的八個回合，經過思考後改成五個。等到真正進行教學實驗時，則已經減到只剩三個回合。

雖然大家填寫 Google 表單時操作還算流暢，我也預先製作了投影片請大家熟悉 Google 表單的使用，而且 Google 表單還會自動加總分數（我先設定好公式並保護），大家也可以透過表單看到各組得分的狀況……，但是，我心裡又想到一個問題：

「如果有人故意或不小心改到別組的分數，怎麼辦？」

人數少時（第一次遊戲化線上教學實驗只有 12 人），當然很容易掌握每一組的狀況；但是，如果人數一多、組數增加，操作上就不容易控制。假設人數變為 200 人（最多的那一次有 353 人），總組數擴增為 50 組（Webex 和 Zoom 的最大分組數，但總人數必須在 200 以下），大家在操作 Google 表單時一定會出狀況！更不要說，如果是學校的老師在線上教學，很可能會遇到調皮的學生故意亂操作……

到底要怎麼做，才能讓排行榜更簡單、更有用呢？

Zoom 房間號碼	組長	成員1	成員2	總計	第一回合	第二回合	第三回合
示範組	王永福	葉丙成	謝文憲	12300	0	800	500
Room 1	O澄	ALEO	鴻O	14000	11000	3000	
Room 2	景O	岡O	幼O	6500	3000	3500	
Room 3	雅O	聖O	慶O	17000	12000	3000	2000
Room 4	燕O	景O	JoO	8500	5000		

▲Google 表單填寫範例，三個回合，事先設好公式，自動加總分數。

小組計算得分及簡單排行榜

有些事情如果從結果回看，往往會覺得實在很簡單，理應如此，但在實際面對的當下，問題卻怎麼也解不開，比如計分這件事，就一連困擾了我好幾天。但是，當我回到「最小化資訊需求，

最大化教學效果」這個核心策略，瞬間恍然大悟：「請大家利用小組時間一起統計得分就好了啊！」

　　方法是：我只需要在教學中安排一個小組討論時間，專門用來計分。過程中請組長統計全組的得分，然後寫在一張紙上，回來時大家一起秀出小組總分，就這麼簡單搞定！

　　實際操作了一下，果然可行。小班級一個畫面就容得下，大家在中間回合秀出小組得分時，我只要打開格狀畫面，並依序唸出各組得分即可。排行榜真正的目的，是讓大家知道自己與別人的相對位置，持續發揮激勵的作用。

　　如果是人數很多的大班級，我只要開放聊天室功能，讓大家在計算總分後，把組別和分數打在聊天室上，就能看到結果了。雖然增加了一些技術上的操作，但是因為很簡單，也不會花太多時間，試行時同樣也運作得很順利。

▲安排60秒的小組討論計分時間，由組長負責統計，然後寫在紙上，回來後一起秀出小組總分。

準備、引導與實務操作

其實，不管是個人、小組計分，或是請大家統計分數、打上留言板⋯⋯，對於初次接觸的夥伴來說，都會有點陌生而不熟悉。如果上課上到一半卻卡在「怎麼做」這件事情上，教學遊戲化的流暢性和效果都會受到影響而打了折扣。

因此，我在課前通知時就運用照片示範，請大家準備四張 A4 紙，全都裁切成一半大小；這一來，每個人手邊會有八張 A5 大小的白紙──其中一張做成個人計分表，格式我也同樣拍成照片給大家看。只要多提醒幾次，就不必擔心會出差錯。

進到課程後，我遵循「演練法」的三大原則：我說給你聽、我做給你看、讓你做做看。我會先說「怎麼計分」給大家聽，再透過照片把計分的方式做一次示範；確認大家都理解後，就請大家開始操作。同樣的流程，也應用在小組如何統計全組得分、如何寫大張計分表、如何把全組分數打上留言板等方面。整個實作的過程果然都很流暢，沒有人出現不懂或卡住的狀況。

▲課前就先做好示範投影片，說明怎麼計分（我說給你聽），用照片具體呈現計分方式（我做給你看），確認理解無誤後請大家開始進行（換你做做看）。

實務與理論，經驗與實作

表面上，遊戲化的三大核心 PBL ——點數、獎勵、排行榜——似乎再簡單不過了，但是，操作這些所謂的「核心」，可是我濃縮過去十多年在企業訓練現場應用遊戲化的經驗，加上為了寫博士論文及期刊論文又啃了不少文獻，更和近 40 位老師訪談及交流，才總算弄清楚真正的「核心」是什麼，必須先解決哪些問題，哪些問題能先放下不管……。

然而，不管經驗再多或理論有多紮實，最終還是要接受實務驗證的挑戰。我一步一腳印地從小規模實作測試（12 人）到中規模（25 人），再嘗試跨平台（15 人），之後才開始大規模（70 人到 200 人到 353 人）測試，發現了一些軟體的極限（比如 Zoom 在 200 人以上只能分為 30 組），也終於找出線上大型演講的適當規模（200 人以下）。

▲教學遊戲化要不斷接受實務的挑戰，視實際需求變化，但萬變不離其宗——掌握真正的「核心」。

　　這一切都是為了對「線上教學的技術」進行壓力測試。如果老師們回到自己的課堂，操作和應用上會相對簡單得多。比如說，固定的班級本就無需每次上課都重新分組，小班級組數不多，分組討論、計分和排行榜自然都相對簡單，甚至不需要請學生計分，由老師自己加總和統計分數即可。萬變不離其宗，大家都可以依照實際需求自行變化。

　　最後，還是請別忘了「最小化資訊需求，最大化教學效果」。所有一切的出發點，都還是「怎麼教才有效」，遊戲化的方法當然也不例外！

第十一堂

讓線上教學更精彩的小撇步

　　從疫情停課到目前為止，我們辦了近 10 場、合計參與人數超過千人的教學示範，以及累計超過 3 萬字的教學文章，相信已經給了正在摸索線上教學的老師一些參考方向。我看到許多老師已經逐漸有了線上教學的概念，不管是軟體的選擇、線上教學與實體課程的整合，還包括教學模式及師生間的配合，都累積了不少心得。所謂「習慣才能熟悉，熟悉才能自在」，換個角度想：也許疫情下仍有少數幾個正面的事情，而習慣與熟悉線上教學正是其中之一。

　　最後，我想談一些也許稱不上要訣密技，但還是相當有用的小技巧。

開場影片及音樂

　　如果你參加過「線上教學的技術」示範或演講，說不定你已經發現，登入線上會議室時，迎接大家的就是開場影片和悠揚的音樂。很多老師都表示很喜歡，覺得不但營造出上課的儀式感，也讓大家感到安心及放鬆，準備好進行正式的課程。

　　目前我都用 iMovie 製作影片，內容並不複雜，也就是投影片

加上音樂。投影片內容基本上除了歡迎畫面，就是請大家利用這段時間測試設備，同時示範使用麥克風的小技巧（Webex 或 Zoom 按空白鍵就可以說話，放開便是靜音），還有確認一下道具（白紙、筆）與開鏡頭測試（影像正確，不是鏡像），中間再穿插幾張講師的自我介紹。

整個過程中，我都會搭配沒有版權問題的免費音樂（搜尋 No Copyright Music），除了讓人心情愉悅，也順便測試講師的電腦分享及音樂播放是否正常。

就算時間還早，也不要一直輪播。我的作法是，開場影片每播過一遍（大約 5 ～ 6 分鐘），我就會現身和大家互打招呼，然後再放一次開場影片。

記得，因為開場影片是讓大家自己看，所以投影片的切換速度不要太快，大概 7 ～ 8 秒換一張是合適的速度（自介時可以稍快一點）。

▲開場影片有投影片與音樂，投影片有歡迎畫面，還有提醒測試、道具確認、分享小技巧等，營造上課的儀式感。

律定手勢

先前的幾次線上課程示範，大家登入時預設麥克風都是靜音的（課程進行中才不會因為彼此的背景聲音而相互干擾）；雖然課程開始前會教大家如何用空白鍵開啟麥克風，但往往還是必須稍作確認：「大家都有聽到嗎？聲音清楚嗎？……」如果老師要一一確認每位同學都沒問題，不免又要花上一點時間。

怎麼確認最快又最準確呢？

潛水時，我們在海面下是無法開口說話的，當教練或潛導必須確認學員的狀態時，就會比出「OK 嗎？」的手勢；相對的，學員也要用手勢來回覆教練「OK」或是「不OK」。我就把這個手勢帶到線上課程中，一開始和大家約定，如果我比「OK 嗎？」，大家也要用手勢回覆「OK」或是「不OK」。

實作幾次後發現，這樣做除了可以快速確認大家的狀態，其實也在建立一種無形的連結。當我比出「OK」，而大家也回比「OK」後，除了抓住每個人的注意力，也更有「當我們同在一起」的緊密感。

▲約定好特定的手勢，以快速且精準的方式確認狀態「OK」或是「不OK」，同時抓住注意力，建立無形的連結。

同步螢幕

進入線上教學環境時，老師在主機端看到的畫面，不見得等於學員在遠端看到的畫面。譬如老師分享投影片或畫面時，學員可能都要等一下下，才會看到和老師端同樣的畫面；透過網路傳輸後，影片及聲音可能會在學員端有些延遲或改變，包括螢幕安排或投影片與講者畫面的位置，老師端與學生端會不大相同。

很多老師都是透過詢問的方式，比如問說：「看得到嗎？」「聽得見嗎？」「畫面清楚嗎？」以此來和學生確認。我還曾經看過某位老師甚至沒有確認自己的麥克風開了沒、學生聽到了沒，就一路講課下去，還專心到學生在鏡頭前不斷揮手、甚至傳訊息給他也沒看到，就這樣白忙了半個小時。

這些問題，都可以透過「同步螢幕」搞定！

只要老師在線上教學時，多準備一部平板、電腦、甚至只用手機，再以學生登入課程的方式登入自己的線上教學教室，就能看到和學生一樣的畫面。不管是螢幕分享、投影片播放、影片觀看……，老師都能和學生的螢幕狀態同步，完全不用再向學生確認「看不看得到」或「聽不聽得見」了。不僅簡單、方便，甚至還可以抓到講師端與同步端影音的時間差，讓講課的過程更順暢。

用來同步的螢幕或設備，記得要關掉麥克風，喇叭音量也要調到最小，才不會造成兩台設備的回授（feedback）干擾哦！

還想更進一步的話，你可以用同步螢幕和帳號來做分組操作（把另一個設備設為共同主持人），或是單獨用它來分享畫面（把操作跟畫面分享分開）……，好處多多，請一定要把這個小技巧學起來。

同步螢幕

▲老師和學生的螢幕狀態同步，可以確認並解決許多問題。

不忘初衷，一定成功

除了以上這三個技巧，還有一些可以花點心思的地方。像是多設備的事前測試（我常用三、四個設備做事前測試）、麥克風的選擇（目前我用的是 Blue Yeti，考量的不是音質，而是指向收音、減少背景雜音）、雙螢幕或多螢幕的選擇（重點是延伸螢幕選 Full HD 解析度就好，字才不會太小），以及不妨考慮升級無線網路設備（我家改用 mesh 網路，並解決對外連線的瓶頸問題），以追求更穩定的連線品質……。

另外，你也可以試著改善打光、加強電腦效率（才能負荷多螢幕、多工）……。比起實體，線上課程有更多技術點可以追求及克服。

最後，我還是要請大家回到基礎所在，也就是「教學的核心」。

　　身為一個老師，我們期待的是透過課程或教學影響學生，讓學生有收穫，不斷成長；不管是課程設計、教學技術、互動技巧、甚至教材教具，都是為了朝向這個目標而努力。不論是實體還是線上，「教學的核心」都是不變的。

　　請記得──最小化資訊需求，最大化教學效果！

第十二堂
關鍵技術問答集

　　「線上教學的技術」大型演講示範後，我都會留下時間，讓參與的老師盡情提問。每次的問答時間大約都要用上一小時，由此可知，老師們在一開始的這段期間，真的是對線上教學有很多很多疑惑。

　　以下摘要一些常見或有代表性的問題，也試著用我自己的角度提出回答。

▲關於線上教學還有許多細節值得進一步討論。

如何提升學生的線上學習動機？

首先要釐清一點，學習動機不高是因為線上的問題，還是因為教學或其他的問題？

過去我也有機會面對高中或大學生進行演講。身為企業講師，沒有打分數的權利，跟學生也沒有什麼連結或關係，但學生高度參與和投入的程度甚至連原本的授課老師都很驚訝，最常聽到的回應就是：「他們平常不是這樣的……」。

我想核心原因就是我總會在課程或演講中融入「教學遊戲化」，以團隊為基礎操作 P.B.L. 三元素（點數、獎勵、排行榜），強化核心課程目標。

所以，真正的問題也許不是出在線上或實體，如果平日教學中，你的學生就經常有三分之一或甚至一半從頭到尾靜悄悄，請無論如何都要試試「以團隊為基礎」（即小組）、「融入遊戲化的元素」。

遊戲化的意義，是把遊戲的元素運用在非遊戲的領域，教學當然就是非遊戲的領域，因此「遊戲化」並不是「玩遊戲」，而是把遊戲的元素運用在非遊戲的領域中，重點是「元素」而不是「形式」。你希望的是「透過遊戲化獎勵學員參與」，所以要特別強化會讓學員願意參與的事，才能做好遊戲化。

開鏡頭的用意何在？怎麼讓學生願意打開鏡頭？

用意就在參與和專注！線上教學時，讓學員參與互動、回答、甚至小組討論很重要，所以一定要請學員打開鏡頭，這樣才能投入、參與整個線上教學課程。學生如果只用耳機聽，一定很容易

分心，學習效果及專注力保證下降。

其實，要認真思考的問題是：「你的教學過程中，是否需要學生開鏡頭才能參與？」

如果老師只是從頭到尾純講述，似乎學生開鏡頭或不開鏡頭都沒差別。當然，要提升學生開鏡頭的意願，還是有一些方法的：

1. 提前告知：在一開始進行課程前通知時，就讓大家知道這門課需要開鏡頭。

2. 上課前再提醒一次：上課前安排測試時間，除了請大家測試連線是否正常外，也提醒大家「這堂課要打開鏡頭才能上」。

3. 一開始的大合照：一開始時刻意安排一個大合照時間，藉以讓大家都打開鏡頭。

4. 教學活動設計：在課程中安排許多需要開鏡頭才能參與的教學活動，像是選擇法（手寫選項，必須在鏡頭前展示）、小組討論，還有小組計算及展示成績。

如果做了這些事情，學生仍然不願意開鏡頭呢？有沒有威力更大的絕招？

「絕招」當然是有的，比如「如果全學期開鏡頭就可以拿到一隻 iPhone」、「如果全學期開鏡頭就可以不用考期未考」……，當然這只是極端的例子，為的是要讓老師們思考：「我怎麼讓學生開鏡頭的『收穫』大於『痛苦』？」

也就是說：

1. 提升「正增強」。加分、禮物……都很有用，對團隊小組增強會比對個人更有用；而且，必須讓學生明白他的參與「無失敗風險」──簡單的說，就是沒有錯誤的答案，任何回答都會得到老師的鼓勵。你可以依照答案品質做差異化計分，但都是正向

鼓勵，沒有扣分！

記得：重點不是獎品、也不是分數……，而是透過遊戲化的過程，給學員一個「參與的理由」。

2. 降低「負增強」。移除痛苦元素，例如不用考試、不用做某類報告……，同樣地，對團隊小組增強會比對個人有用。此外，融合教學遊戲化的元素，讓學員都必須開鏡頭才能參與，也能大幅提升學員開鏡頭的比率。

為什麼這兩件事我都強調「團隊小組」呢？

所謂「以團隊為基礎」，就表示遊戲化的進行單位至少要兩人以上，這一來，大家的投入就變成為了小組，而不是為了個人。如此設計主要是讓個人的投入不會被貼標籤！

線上教學時，怎麼讓各年齡層的學生願意參與互動？

對中學、小學或甚至年紀更小的學生，可以設計一些不必講話就能參與的活動，譬如多出選擇題（包括單選、複選、排序……），讓學生只需在鏡頭前舉牌或比手勢。

當然了，導入遊戲化更能激發參與度。只不過，除了點數、獎勵、排分榜這三個重要元素，還要導入不同的遊戲化機制，例如「無失敗風險」、「以團隊為基礎」……。

大學生的話就複雜得多，沒辦法一概而論。但是，「大學生不好教」、「大學生沒動機」、「大學生不參與」這類說法我大概只同意一半。我認為，學生沒有動力、不肯投入當然值得檢討，但是身為老師，我們是否也需要強化或改變？透過課程設計、遊戲化、甚至班級與團隊動力經營，也許我們可以扭轉現況。

如果你課程精彩，那麼其實不分線上或實體，學生的學習動

力和參與度就一定會大大提升！

新手老師要怎麼做讓學生樂於接受他？怎麼避免小組中程度較差的學生拖累全組的學習意願？獎品種類重要嗎？

第一個問題，其實是信任的建立。我覺得，很多老師——特別是新手老師——都不夠重視「開場」，站上講台就開始上課，但我個人認為，善用開場最能夠建立信任。

為什麼今天是你來上課？也許是你學歷高、資歷深，也許是因為你有證照……；總之，你一定有超出學生的歷練，才會是你站在講台上。那麼，如果你不說出來，學生怎麼會知道、怎麼會對你有信心？

舉例來說，像是：「大家好，今天由我來跟大家分享一下護理照顧，因為我在我們醫院已經工作了五年，而且都負責病房的照顧，所以想跟新來的夥伴分享一下我的經驗和心得……」

我可沒有要你自吹自擂，最好不要說：「說到護理照顧，我可是我們醫院第一把交椅……」，你要做的是建立信任，不是建立權威。

其次，小組裡之所以有些人比較不投入，或者雖然投入卻常常狀況外，原因可能就出在他程度相對比較差，所以如果你的進度還是要大家抓一樣，程度好一些的組員就難免會覺得被拖累。

但是，不論怎麼分組、一組有幾個人，本來就一定會有程度上的差異，不是嗎？

解決的方法是「分工」，比如每一組都有一個人負責舉手，而且光是舉手就有分數，這一來，程度再差的人也都有機會貢獻一己之力。這正是分組的好處：有人負責做報告，有人負責舉手，

有人負責口頭發表，每一個人都會有不同的貢獻。

　　重點來了：絕對、絕對不要弄成太容易突顯程度差異的兩人一組！

　　至於獎品，就是要想想「什麼獎品他一定想要」，但是請別誤會，「想要」的獎品不見得等於「要花錢」的獎品。分數是不是獎品？當成實習成績是不是獎品？

　　獎品一開始就要展示，仔細說明：這獎品是什麼？為什麼它很特別？接下來就要把規則說清楚：怎麼記分？怎樣才能拿到獎品？說白了，就是你得拿個東西來和學生交換他的投入。

▲讓學生高度參與與投入的祕密武器──教學遊戲化。

小組討論後，要怎麼請大家發表成果？

　　假設是 20～30 人的小教室，大概會分為 5 組。線上小組討論結束、大家都回到主會議室時，我會邀請大家發表，不但強調「先發表的小組加分最多」，而且只要在螢幕前實體舉手，我就會請他們發言。你會發現大家都會踴躍舉手，接著自然輪流發表！

一般而言，都是寫小海報的人負責發表，因為他已經把討論成果用粗筆記錄在 A5 的小張紙上。我會請他把鏡頭對準小海報，再請他開麥說話。

25 人左右的小班級，一個螢幕就可以容納所有的學員，只要機制設計得好，其實不管線上或實體，學員都會非常踴躍、非常認真地參與！

福哥每次討論的時間都大概10分鐘左右，我們也要維持這樣的討論時間，還是需要做什麼樣的控管？

其實，一個問題討論個 90 秒，最多 2 ～ 3 分鐘，也就夠了，除非討論的是一個專案，才有可能必須用到 10 分鐘。小組討論的核心就是「時間要抓緊」，如果沒有抓緊，大家就會離開去上廁所、倒水……，討論就會鬆散掉。

有沒有可能時間太緊了，然後討論不完？當然。所以老師必須去觀察一下小組討論的進度，先把時間抓緊再放開，比如我會說先給大家 3 分鐘，如果看起來討論不完，再給大家 2 分鐘。

如果要辦差不多50人的線上課程活動，分組要注意什麼？需不需要找個助教？

人數越多的時候，分組後每一組的人數應該越少，三人一組我覺得不錯。請特別注意一點：人數多的時候最不好的方法之一就是問答，因為一次只能有一個人回答，效果不好。

建議先從簡單的地方開始操作。以我自己為例，我會先講一段 5 ～ 10 分鐘的課，然後出一個選擇題，再講一段課後又出一個排序題，最後則會有個小組討論題。只要上網搜尋「大型演講

的教學技術」，就可以找到我寫過的文章，其中有更詳盡的解說。

　　至於助教，說實話我覺得有個助教也不錯，比如上課時有學員突然斷線了，助教就可以幫忙解決上線問題，不至於打斷我的授課。但是，你的助手也要、甚至比你更熟悉整個操作，意思就是，助手一定要和你演練過很多次，老師負責授課，助手負責控制分組、幫助學員回到線上等等，助手千萬不能加入小組討論。

▲用最簡單的紙與筆，就能在線上操作小組討論，順暢無礙。

上課時如果必須實做，怎麼讓學員感受如何實做？

　　關鍵就是我經常強調的「演練法」。一定要掌握三個核心要素「我說給你聽」、「我做給你看」、「讓你做做看」。

　　猜一猜，這三個步驟中最常被忽略的是哪一個？第二個！許多老師往往只說一次就要學生趕快開始做。請千萬記得，說完之後一定要有一個示範，而且這兩個步驟要分開來，不可以一面說

一面示範。

以小組討論為例，我會先說明待會請大家做小組討論，討論時大家要寫下答案，討論後秀出答案。我說明完畢後，就從頭示範一次。

當然了，你也可以用影片或用照片來示範，但重點是，一開始大家可能還是會做錯，這沒有關係，記得給回饋，把 SOP 再解釋得更清楚。老師的 SOP 不夠清楚，學生就很難模仿。

線上教學模式如果用在比較技術類型的課程上，怎麼補強？

先忘掉線上不線上，想一想：假設你去偏鄉教學，對不起，你現在手邊有的設備那裡都沒有，但你還是想去、還是想教的話，你會怎麼做？

也許你會說：我自己做道具。很好，非常好。那麼，你可不可以讓學生在你線上授課之前也做好或準備好相應的道具？

我的意思是，請老師們不要被「線上」綁住，這個事情跟線上沒有關係；越是技術類型的課程，就越需要恰當的道具，只要老師和學生上課前都先準備好，那就不會有線上不線上的問題。

簡報文字在線上適合用動畫嗎？

我其實沒有做動畫，只是「複製」然後「貼上」一張張圖片而已。這麼做，就絕對不會有連線品質的問題。

圖文並茂就夠了，別想太多或想做到完美——既要讓圖片飄來飄去，還要這裡淡入、那裡淡出……，放棄這類需求，就不會有卡頓的問題。

影片丟到聊天室，然後大家一起開，這當中有沒有什麼操作技巧呢？

記得我在講「影片法」的時候，有談到兩種方式：一個是即時播放，另一個是丟連結。關於丟連結，再進一步說的話，我會認為：「與其要丟連結，為什麼不事先提供讓大家看？」

為什麼我們不事先切割一下課程？既然知道有一段影片是需要學員先看了老師才能繼續上課，那麼，與其讓大家一起在線上看影片，還不如事先請大家都看過更好，不是嗎？

▲學生為什麼要投入？那是因為你的教學好，讓他覺得積極投入有「好處」！

尤其是技術性動作之類的，上課時才看影片，很可能需要多一點時間消化訊息，因而影響到課程的流暢性；如果學員匆匆看過後有些小地方沒看清楚，也不能像在家裡那樣可以反覆重看。更進一步說，老師甚至還能出作業給學員，要大家看過影片後照

做一遍、錄成影片，上課時再讓老師檢查學員的動作有沒有哪裡做錯了。

我的意思是，我們應該重新思考線上課程的結構，不一定要什麼事都大家同時一起來，而是每個人可以 learning by yourself，然後由老師來做操控檢查的動作。

總之，我覺得今天起我們都應該思考「重新解構線上教學」這件事。

家用網速會影響線上教學的速度嗎？

從技術規格來看，大部分會議軟體對網路速度並沒有太高的要求：Webcx 下載 2.5Mbps ／上傳 3.0Mbps，Teams 下載和上傳都只需 1.5 Mbps，Zoom 下載和上傳都只需 3Mbps。

以這樣的規格要求來說，一般的 4G 手機網路（速度介於 52 ～ 77Mbps）就足以因應。但實務上，我目前家中網路速度是下載 100Mbps ／上傳 40Mbps，早期在進行線上教學時還是會有畫面延遲的狀況，最後抓出是家中無線網路連線速度的問題，所以升級了家裡的 WiFi 發射器。後來因為參與線上教學示範會議的人數越來越多，為了有更穩定的連線品質，我甚至改成實體線連接網路，目的只是為了更穩定。

線上課程會不會比實體進展慢，需要花比較多的時間？

我的經驗是，線上的確會比實體慢上一點，因為我們實體的控制能力和反應都會比線上好，也不會有網路傳輸必然會有的小小延遲。我的建議是，實際線上教學前最好先小規模測試一下。

整體來說，線上教學其實和實體課程沒有太大差別，重點只

在熟練度，所謂「一回生兩回熟」，先別急著追趕時間。老師們不妨回想一下，當初在學習不管是簡報還是教學的時候，那時候也什麼都不熟，現在只是平台還不大熟而已，所以別急，很快就能精準掌控時間了。

要怎麼找到教學有熱情的老師？遇到很沉悶的學生或尷尬的場面時怎麼化解？

怎麼找到真正有熱情的老師呢？我沒有辦法給出一個量化指標，但是，只要用心看他教一次、兩次課，一定就會知道他有沒有熱情。除了現場觀察，我沒有別的沙裡淘金的方法。

學生不賞臉又怎麼辦？很遺憾，教室裡發生的每一件事都是老師的責任。如果有些學生很沉悶，經常製造出尷尬的場面，你首先要想的是：「為什麼？」

不要一開始就認定那些學生「本來就比較悶」，先想想：「是不是我的教學出現了一些問題？我的課程設計出現了一些問題？」如果學生不投入，對不起，你是老師，先不要檢討學生，好不好？

前提是，他本來就不會投入。他為什麼要投入？那是因為你的設計好，你的教學好，你讓他覺得積極投入有「好處」，不管那是獎品還是幫小組（不是個人）加分。

如果上課的對象是年長者，有哪些必須特別注意的地方？

先把不能控制的東西控制起來，首先就是不要追求人數，以免顧此失彼。其次，去掉比較麻煩的互動工具，只要求長輩能維持上線、對正鏡頭、知道怎麼舉手就好。

接下來，唯一要安排好的就是讓他們有一個可以加入的連線團體，比如 Line 的群組。這方面連我 80 歲的老媽都做得到，萬一出問題，只要身邊有個年輕人就能輕易協助解決。

出課題時，記得直接給單選的選擇題，而且不必要求寫下來放在鏡頭前，只要用一隻手比出 1、2、3、4、5；簡單說，就是把上課的技術需求最小化。

也不必請他們分組，避免到時候很可能進得去卻出不來。任何策略都是一種選擇，請先聚焦在最重要的地方──讓年長者的學員真的都有上到課。

線上老師大概多久要稍微休息？休息時得做些什麼事嗎？

個人認為，線上課程的休息時間當然和實體教室不一樣，但多久休息一次還是得靠老師的經驗和臨場觀察──大家的互動越多、參與度越高，時間就可以拉久一點再休息。

就像開場影片，休息時也不妨放點音樂，甚至可以準備一段輪播的畫面，一次休息個 10 分鐘──不要只休息 5 分鐘，5 分鐘內若要倒水、上洗手間恐怕會有些趕。

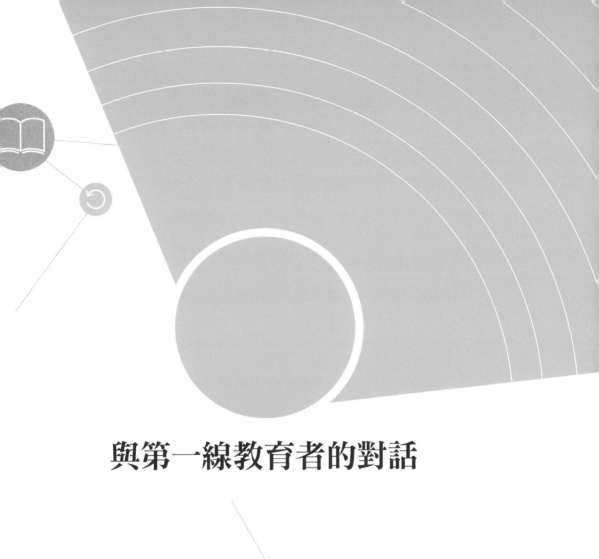

與第一線教育者的對話

從讀到寫到線上——
「資訊苦手」線上教學大進擊

王永福與林怡辰老師對談　　　　　　　　2021年7月28日

（林怡辰老師：《從讀到寫》《小學生年度學習行事曆》作者、
資深國小教師）

　　因為今年 5 月新冠肺炎疫情再度席捲而來，老師們被迫馬上離開教室、投入線上教學的環境。突然間必須面對鏡頭說話、只能通過網路連接學生，既陌生也不習慣，很多老師難免擔心，是不是得用高檔的軟體科技和技術才能夠做好線上教學。老師們的聲音，我們都聽到了。

　　除了「教學教練」，其實我還有一個身分：一名電腦玩家，不但玩電腦超過三十年，還是資訊管理博士候選人。我想，我應該可以整合線上教學技術，提供老師們參考。

　　為了更貼近教學現場，我特別邀請了擁有 20 年教學經驗、出版過兩本著作的林怡辰老師來到線上，進行了一場「資訊苦手」投入線上教學的經驗談。

　　福哥：據我所知，你是所謂的「資訊苦手」，卻很快就從實體教室過渡到線上，說一下你是怎麼開始投入線上教學的好嗎？

林怡辰老師（以下簡稱怡辰老師）：5月18日那一天，教育部下令全台老師必須盡快從教室授課轉成線上教學。對我這種一天都不想留下空白的第一線老師們來說，等於是當天接到命令，隔天就要進行線上教學。直到今天，我都還記得剛開始時那種混亂的場景：周邊的每一個老師幾乎都用不一樣的方式嘗試線上教學，但整體來說，大部分老師都採用先錄影再上傳的教學方式，再一邊到教育平台學習如何從事真正可以和學生互動的線上教學。

有些老師因為被疫情打了個措手不及，進度難免落後，都希望能到暑假再補課，但我打一開始就很篤定，一定要立刻就用線上同步教學的方式來授課，充分掌握孩子們的學習情況。

福哥：我自己當時也可以說親身體驗了這種混亂——因為我家裡就有兩個正在讀國小的女兒。5月19日那一天，身為家長的我，連某些老師的教室在哪邊都弄不清楚，知道的教室有些也連不進去，或者連上了卻聽不見老師的聲音；要不就是連上不久就突然斷訊，一陣忙亂後，下課時間就到了……

怡辰老師：因為我在偏鄉教書，很清楚有些學生家裡別說平板了，就連能上線的電腦都沒有，更別說視訊鏡頭和麥克風。所以，第一個存在我眼前的大難關就是：「怎麼讓學生們都能上線？」

還好，雖然有些學生家裡沒有電腦，對上網卻並不陌生，因為學校裡就有電腦教室，我也不斷引導他們接觸、熟悉多種軟硬體。而且，因為心中一直有種危機感，所以早在5月18日教育部的命令下來之前，我就在電腦教室裡手把手地教會學生如何連上授課網路，也讓每位學生記下自己的代碼了。

　　5 月 18 日之後，我要解決的反而是城市老師想像不到的第一個大難題——讓家裡沒有連網設備的孩子從學校的電腦教室借一台回家。

　　有了電腦、鏡頭和麥克風，第二個大難題當然就是上網了。有些情況比較特殊的孩子，家裡連能上線的網路都沒有，唯一能上網的就只有家長的手機——只要家長出門上班，家裡就可能完全沒有網路了。這方面，部分孩子只好用家長的舊手機連網，有些則另裝網卡，總之就是見招拆招，一次解決一個問題。

　　還好，先前為了和每位家長都有最暢通、快速的連絡管道，我已經和每一位家長組成 Line 群組，也因此得以一一解決不同孩子的不同問題。

　　福哥：看到這裡，老師們有沒有發現「線上教學的技術」很關鍵的一個重點？沒錯，就是早在開始上課之前，為了確定一切都能同步，不至於有人看得到畫面有人看不到、有人聽得到聲音有人聽不到，你就要先建立一個保證雙向暢通無阻的備用連繫管道。

　　怡辰老師：沒錯。不論是在偏鄉或城市，一聽到孩子不能上學、只能在家裡上課，家長多少都會心生焦慮或不想獨自面對麻煩。如果你有個方便、迅速、確實的互動通道，就算是不斷挨罵，也比大家都瞎子摸象好。

　　透過 Line 群組隨時連繫，我甚至可以一次就讓好幾個問題相近的家長大大減輕焦慮，一次解決很多人同時面對的困難；孩子也不會一再煩擾家長，讓家長一個頭兩個大。

有了這種連繫管道，每位家長都能今天就知道孩子明天要上網做什麼，提早準備，不至於臨到上線才手忙腳亂。

福哥：但是也有老師會擔心，如果跟家長建立 Line 或通訊軟體的連結，家長隨時傳訊息給老師，是不是也會造成困擾？

怡辰老師：我同意。所以我也會跟家長先說好，我回訊息的時間只到晚上 7 點，7 點之後就是老師自己的時間。要讓家長知道老師不是隨時會回訊，有些時間傳訊也會打擾到老師。只要跟家長先溝通好，一般家長都能明白並且配合的。

福哥：解決了硬體及通訊管道問題後，怡辰老師又是怎麼決定使用哪個教學平台軟體的呢？畢竟你確實是個資訊苦手，是嗎？

怡辰老師：一開始，我當然也有點無所適從，不知道應該用哪個軟體才最恰當。上網找了很多資訊後，我得到了一個初步結論：既然學生最熟悉的搜尋平台是 Google，就應該用 Google meet，再加上有共享 Word 的 Google classroom。同學遇上困難又一時無法解決時，最少都能把問題貼在 Google meet 的留言區，課後或上課間隙我再來想辦法幫忙解決。

就像福哥常說的，不論你最後選擇哪個軟體來做線上教學，總之就是要能用最少的資訊技術來達到最大的教學效果。

為了這個「達到更好的教學效果」，我也照福哥的建議用了雙螢幕，有時還會加入手機。但是，一旦從實體轉到線上，教學上也得有相應的改變，才能克服線上教學的種種問題。

剛開始的時候，有些學校還是把線上當實體處理，要求老師照舊每一節課都要上；但經歷過的老師一定都知道，這樣線上授課其實效果會很差，孩子一整天可能有五、六個小時都在電腦前面，會很累。

所以，我的做法是放棄一節數學、一節國語、一節導師時間、午休時間……這種傳統的上課方式，然後重新排序；而且縮短上課時間，盡量抓核心重點來教學，多給孩子一些沉澱、思考的空間。

除此之外，上課時，你甚至要改變講述法的口吻、肢體語言、配合的教材……，才可能達到實體教學的效果。

福哥：這樣一步一腳印地打下線上教學的基礎後，我聽說你在線上教學的態度也不一樣？你實體教學會比較嚴格，但線上教學態度卻更溫和？

怡辰老師：對。實體教學時的我，其實是一個有點嚴格的老師，雖然也會跟著孩子談笑，但是他們都對我的一些規則很清楚；比如要求孩子聯絡簿上的功課要全部完成，要是有功課沒有寫完，我就會電訪家長。我最重要的兩個規則就是：一、如果你有困難可以來跟老師講；二、如果作業沒有寫完，隔天就要留下來完成才能放學。

第二點我會嚴格執行，最嚴重的時候，孩子甚至會在教室裡待到晚上 8:30。當然了，這麼做之前我必須和家長先有良好的溝通，家長才不會覺得老師故意找他孩子的麻煩，而能夠很安心地讓孩子跟著老師的規則走。

轉到線上教學後，不但不可能留他們在教室寫功課，遇到的其他狀況也只會更多。

因此在教學原則上，我更重視確認孩子的狀況。即使他們不在學校，全部的孩子我都掌握得到，知道他在哪裡，有沒有正常吃飯，有沒有什麼人可以陪他聊；有點狀況的孩子，比如沒交作業，我都會刻意在上課時點他回答問題，如果他好好回答就加分鼓勵；願意提問的孩子，也一樣會給獎賞。這麼一來，他們就會覺得在這個線上的團體裡有歸屬感，相信今天的上課會很有趣。

福哥：對於程度稍差或投入感比較低的學生，怡辰老師採取了哪些線上教學策略？

怡辰老師：首先，上課前我就先做足確認的功課，比如：「好，各位同學，現在你看到的畫面是不是和老師一樣？有問題請舉手。」透過螢幕上的畫面，我很快能判別哪些同學的網速較慢，需要多給他們一點反應的時間。

其次，我會刻意放慢講述的速度，仔細觀察學生的理解狀況。我本來就了解每個學生的程度，知道誰的聆聽力差一點、誰比較容易走神、誰又有自嗨的習性……，所以我會特別注意他們螢幕上的表情，一見到有人有點狀況外，我就會立刻放慢講述的速度，好讓他們很快跟上來。

另外，我也經常會在線上運用問答法，針對孩子的特性點他回答某些問題。每講完一小段課，我差不多就知道下一個問題該點哪一位同學來答，也早就想好他如果回答得好該怎麼做、稍差或意外的差又要怎麼回應，這樣就不會有上課上到一半途然卡住

的狀況。

課後的檢討，當然也很重要。每天上完課後，我就會檢討先前問過哪幾個同學哪些問題，反應好不好，針對這些同學，我有沒有達到教學目標；如果沒有的話，明天就要從哪幾個開始，或是怎麼調整。

不論課前或課後，都是非常瑣碎又縝密的工作，所以剛開始的時候，我就好像走進迷霧裡，只能邊教邊學。最重要的，我認為還是老師自己對同學的了解和教材轉化。

福哥：除了這些，第一線的資深偏鄉老師還可能碰上哪些特別的問題呢？

怡辰老師：問題可以說層出不窮，比如遇到全台大停電、Google meet 有時會突然把某個學生或甚至我自己踢出來⋯⋯，你都只能見招拆招，一次解決一個問題。幾乎每個狀況都是新的，都要從頭學起，所以有一陣子我會刻意跟其他老師錯開，然後把進度抓緊一點，稍微上快一點，互動的時間用非同步的網站等等。

最辛苦的，是和家長的溝通。

因為長期相處，學生的習性我都很了解，但是線上教學時，家長的不適應帶來的可是一個全新的局面。一開始，我就對家長說明每天固定時間上課，讓家長不會太擔心；接下來，我還會一次把一周的課表代碼──包括科任老師的和我自己的──全部放在網路上，希望做到「所有資訊都透明化」，還好，有時候有家長還會幫我回答其他同學家長的問題，所以絕大部分的家長都很清楚有哪些狀況。孩子的部分我都用 classroom，也一樣全部透明

化，包括課表、各科的作業、各科上課的代碼、需要先做哪些準備……，小朋友全部都能很快就查找得到。

另一個比較麻煩的問題是「上傳」。在偏鄉地區，很多小學五、六年級的孩子是沒有手機的，因此拍照上傳便成了大問題。因此我從來不在第一時間就公佈同學的上傳情形，免得沒有照相手機的同學深受困擾。最好的解決辦法，當然就是不強求同步，讓有困難的孩子等家長回家再補拍照、上傳；甚至把時間往後拖，星期六、日當家長更有空閒時再補拍、上傳。

福哥：這段期間裡，我最常聽到的老師困擾，就是線上授課時學生比較容易分心。這方面，我特別想知道怡辰老師的看法和對策。

怡辰老師：我其實沒有特別感受到這方面的問題。上課時我都很開心，因為不管我問什麼問題，隨機點一個學生都會馬上回答我，很少遇到楞在那裡的情況，可見他們並沒有因為是在線上而分心。

上實體課的時候，我沒有任何獎勵機制，因為我認為學生的學習是為了他自己，而不是為了我。可是，線上課的時候我就運用了獎勵機制，不管我問了什麼問題，被點到同學回答我也好，或者光是舉手，我就會用軟體幫那些同學加分。

沒錯，有些人總是比別人更難專注、更容易分心；這方面，我的做法是分組，而且看情形陸續微調，變化加分機制，比如說什麼狀況加 1 分、什麼表現可以加 3 分，哪種狀況可以一口氣加 5 分、10 分。具體做法是，學生只要有反應就加 1 分，如果看得出

來他對這個功課非常認真就加 3 分，要是他還幫助其他同學等等，我就可能加 5 分以上。

所以，從一開始他們就都非常認真。透過我自己的觀察，尤其是本來在班級裡面特別容易分神，或者是學習程度比較低落的孩子，我就給他多一點機會，他的得分會大大提高，讓他也享受得到高峰經驗。這一類的孩子，後來的專注力都會飆升。

福哥：身為擁有 20 年教學經驗、也逐漸跨越線上教學難關的怡辰老師，你會給其他老師什麼樣的建議？

怡辰老師：就像福哥說的，我們總是「要做最壞的打算和最好的準備」。不論疫情有多嚴重，線上教學都能幫老師和學生度過難關。而且，正因為這次的疫情，我的很多學生不要說線上學習，甚至都已經慢慢走向自學的道路了。所以，未來的線上教學我可能會用別的方式，比如把教材影像化或標準化，採取可以分批、可差異化的教學方式，讓我的學生有三個層次：自學的可以自己往前跑，中間的孩子就跟著老師的節奏走；這樣一來，可以省下很多時間，我就能有更多精力去運用更多方法輔助後面程度比較低的孩子。

我會特別關注那些家長經常不在身邊的孩子，照料他們的社交情緒、提供陪伴感。如果線上學習變成一種常態，這是我比較擔心的部分。

福哥：全台進入線上教學後，沒多久就到了暑假，減輕了很多老師和家長的負擔。但如果這一場「全國一起參加的超大型實

驗」不幸成為遠遠超過一、兩個月的教育考驗，除了孩子的學業，恐怕我們也得和怡辰老師一樣，多多關注孩子們的心理狀態。

怡辰老師：回頭思考這個過程，我覺得最大的影響，第一個就是面對困境或外在危險的時候，你自己的覺知和身體的狀況，這比你的教學技術還重要。所以不管我自己也好，我的小孩也好，首先我要提醒所有教師，你的作息一定要維持正常，不要因為線上教學而弄得自己沒日沒夜。

另一個也很重要的課題是，你要聆聽自己腦袋裡的聲音怎麼說。我的意思是，你要努力覺知現在的狀況哪裡有問題，然後心平氣和地沉靜下來想想怎麼做最好。我相信，越是相對困難的時候做出的抉擇，其實才是真正成就你是怎麼樣的一個人的關鍵。

不怕輸就怕放棄——
仙女老師的有溫度線上教學課堂

王永福與余懷瑾老師對談　　　　　　　　2021年7月30日

（余懷瑾老師：企業講師、暢銷書作者、全國 Super 教師得主）

　　我的直播室很榮幸迎來「仙女老師」余懷瑾。

　　大家都知道，仙女老師目前是深受歡迎的企業講師、暢銷書作家，出版過《仙女老師的有溫度課堂》、《不怕輸，就怕放棄》和《故事力》等書；今年 4 月 9 日之前一直是高中老師，也榮獲全國 Super 教師等獎項，擁有豐富的教學實務經驗。

　　由此看來，仙女老師幾乎可以說是一轉換跑道，成為職業講師後就遇上了全面停課的新冠疫情，我因此很想知道，她是如何讓自己順利從實體過渡到線上，期間遭遇過哪些問題，又從中得到了哪些啟發。

　　福哥：仙女老師以前教高中生，轉為職業講師後教哪些人、又教什麼呢？從 518 全面轉為線上教學以來，總共上過哪些線上課程？

　　余懷瑾（以下簡稱仙女老師）：首先是企業的內訓講座，實體上課時一次就是 7 小時；改成線上教學後，每次上課都拆分成兩、

三次。

其次，我教學校的老師一些教學的技巧，也教青少年，不過，青少年的課程聚焦在「表達力」和「故事力」方面。我也做過醫院的內部講師訓練，還開過一個學員上百的直播課教故事。

一開始，我根本沒有想過要學習「線上教學的技術」，總覺得台灣醫療環境這麼好、我們的部長這麼屬害，疫情一定很快就會結束，我們當講師的只要默默在家裡等著解封。

福哥：什麼時候才死了這條心，深入學習線上教學？

仙女老師：5 月 18 日之後，我還陸陸續續接到開課的電話邀約，所以一開始依然沒有進行線上教學的打算；直到第二次期限到來、卻沒能解封的時候，很多打來的電話就變成要取消課程了，讓我開始感到驚慌。

但是，那時的我還是有學生寫暑假作業的那種心態，能拖就拖，心想：「我有這麼強的實體課教學功力，幹嘛把自己困在線上？」如今回想，這種負面情緒真的很可怕。直到 6 月 4 日，清大有個四、五十人的跨領域講座，希望我能用 Google meet 線上教學，我才開始認真考慮學習——人家都給我機會了，怎麼可以不試試看？

要學當然就要認真學，我記得，課前自己研究不算，光是上課前一天就和助理一起花了一個整晚，才熟悉了設備的基本技巧。

福哥：一開始還沒有那麼熟悉的時候，遇到過哪些困難？

仙女老師：最大的困難是從實體轉換到線上，以前放投影片，為了每個指令都要很明確，有時候會依賴口頭說明，這部分實體課很容易做到；一轉到線上，我馬上發現沒有辦法靠口頭說明了，最重要的是投影片要做到不必另加說明。有這個體認後，我的投影片幾乎修改了八成互動的方式。

第二個最讓我困擾的是線上教學軟體，除了 Google meet，還有 Zoom、Webex……，一時之間很難決定要學哪一個；甚至連我自己的電腦裡就有 Teams 的企業版，我都不知道！所以花了很多時間摸索及練習，也找朋友教導。而且每次練習都要花上 3～5 小時才總算有點小收穫，真正上課前，光是測試軟、硬體都要先花上 5 小時左右，那種一直一直搞不定的恐懼和焦慮，真壓得人喘不過氣。

福哥：這還不是上課，只是測試、事前的測試。

仙女老師：沒錯。我還記得，第一次測試 Zoom 時我揪了 16 個人，這 16 個人一定都忘不了當時我非常菜的樣子；比如我才下了第一個指令，他們就全都說：「妳剛才要我們討論什麼根本聽不清楚！」我這才知道，原來教學指令可以再以訊息廣播。後來又發現，就算我懂得放廣播了，有時候學員還是不了解，因為不只老師，學員往往也搞不清楚狀況。

這個學習的過程，真的是一步、一步又一步走過來的。直到找對方法和整理好步驟，我才不再那麼慌張。

等到差不多上過 10 堂課後，才總算克服了絕大多數的問題，不必再花那麼多時間測試、準備。

福哥：可以再詳盡一點，說說具體是怎麼克服這些軟、硬體問題的嗎？

仙女老師：不管是軟體或硬體，簡單一句話，就是「找人幫忙」，也就是福哥說的，「找神人來幫仙女」，然後從中努力學習。事情的根本是自己的心態──我到底要不要做這件事？

這些「神人」裡，當然也包括了福哥。我必須說，參加福哥那一次「線上教學的技術」Webex 的測試場，給了我很大的信心。

那時的我，其實還沒有什麼學習意願，一開始並沒有很專心，但福哥很快就在所有的同學面前說：「仙女老師，我沒有看到你，仙女老師你在幹嘛啊？」那一刻我覺得好丟臉，也給了我一個很大的警醒：原來就算是在線上，福哥也知道你有沒有專心。

在那一天之前，線上講課的時候我都不覺得學員非得開鏡頭不可，我孩子的老師上課時連自己的鏡頭也都沒開，不是嗎？人來就好，有聽就好，何必勉強人家呢？上了福哥那一次測試後我才省思：平常實體課我都會要求學員做這個做那個，為什麼我一到線上就換了個樣子？

我是一個講求「溫度」的人，一到線上就沒溫度還算仙女老師嗎？從那天起我立志努力，非常非常努力。

我不敢說如今我在線上多有溫度，但至少上一次替醫院復健科的物理治療師上課後，有位以前上過我實體課的學員對我說：「沒想到仙女老師的線上課和實體課簡直一模一樣。」我想，這就是努力的成果，原來我自己的實體教學優勢，已經不知不覺轉到了線上。

現在我的觀念反而變成：「只要克服了軟、硬體問題，這麼

方便，還有誰會想要出門上課呢？」

福哥：企業呢？上企業課的時候有沒有遇到開鏡頭的問題？有什麼阻力嗎？

仙女老師：我的內訓課有個原則，最多 15 個人，因此這方面的問題比較容易克服。課前我會先和 HR 溝通，再要求學員都必須開鏡頭，作法是先建 Line 群組，然後在群組裡面向學員說明，大家上課時都要開鏡頭，不願意的我們不接受報名。

這麼一來，不會有學員上課時不開鏡頭的問題。不只這樣，我還會在課前先幫學員分組，甚至決定自我介紹或發言時誰是第一棒，誰又是第二棒、第三棒……。

總之，事前的功課做得越足，上課遇到的阻礙就越少。

福哥：除了透過鏡頭更專注不同人的表現，然後關心、互動、詢問，你還做過哪些方面的調整？怎麼和學生互動教學？

仙女老師：以前在教故事力的時候，我都會教學生六種開場法，通常會先放影片，再讓大家判斷「這是什麼開場法」，然後安排 15 分鐘小組討論，接下來就進行小組演練、上台一個一個回饋。但是，因為我不是硬體專家，所以我先求「最小化資訊需求」，砍掉影片播放，改用福哥建議的投影片方式，資訊技術需求馬上大幅減少。

最有趣的體會是小組討論。以前實體課時，小組討論是 15 分鐘，現在 6 分鐘就討論出來了。簡單說，由於我拆解成一個步驟、

一個步驟，教完一個段落就進入小組討論，雖然討論時間變短了，但因為我善用舉手功能，鼓勵、讚美演練的學員，因此學員的回饋不但沒有減少，反而增加。

另外，小組討論時我也學會了福哥的線上巡場，只看不說，從最勇於發言的人之中找出小組的領導者，視情況借用他的影響力。

福哥：學生的配合也是線上教學的重點，如果在學生端都是青少年，你怎麼克服學生可能遇到的互動、設備等問題？

仙女老師：我從孩子的線上課中看到，老師班級經營得好學生會開鏡頭，班級經營得不好就不開，老師又沒有這方面的約束力；所以，我開青少年簡報課和故事課時，便仔細思考要怎麼好好經營班級。

說白了，這些青少年也大多是被爸媽逼來暑假上課的，所以，我就先開設了一個「仙女聊天室」，分別用 15 分鐘左右，和爸爸、媽媽、孩子一起在鏡頭前聊天，除了詢問他們有什麼需求、有什麼要特別協助的地方，也設法說服孩子上課時打開鏡頭。一談之下才發現，這些小孩其實都很可愛，大多會說「我也是很喜歡上課」之類的，我就順勢教他們調整鏡頭，說明上課那天要做什麼事……，等到真的上課那天，我就看到了先聊一聊的方式達到超級好的效果。

我記得，光是聊天室的工作就做了 7 天，每天大概從上午 7:45 聊到 9:30，一組接一組的家長輪流上線，最後還拍大合照，整個過程讓人覺得很溫暖。

　　這一次的學生裡有個腦麻的小孩，因為我的女兒也是這樣的孩子，所以我很能體會他上課時可能遇到的困難，就在聊天室裡問了很活潑的小孩：「如果班上有同學很需要幫忙，講話可能比較慢、思考比較久，能不能你先說話，然後引導他慢慢說？」或者對有的家長說：「我覺得你的小孩很優秀，課業成績很好，有沒有可能在線上課的時候，請他協助其他同學，在同學講話比較慢的時候給一點提醒？」

　　每個聽我這麼說的孩子和家長，全都樂意幫忙。於是，我就把腦麻的同學和願意幫忙的同學分在一組，效果非常好。一個也來上課的朋友孩子就說：「這是我上過最有樣子的線上課程。」

　　福哥：太棒了，不愧是仙女老師。最後，可不可以分享一下，整個過程中，也就是從一開始的抗拒到現在的得心應手，你最大的學習收穫是什麼？

　　仙女老師：我認為，這是一個讓我們變得更好的機會，應該要順勢而為，所以千萬不要排斥、不要抗拒，反而要趁著這個機會好好學習。沒錯，剛開始時你一定會犯錯或做得不夠圓滿，甚至可能像我第一次測試那樣失敗，但就像我寫過的一本書《不怕輸，就怕放棄》，就算輸在起跑點，你還是有可能第一個衝過終點。

　　我之前很抗拒上線，一直只想上實體課，很不快樂；但是，從學習到實踐的過程不但讓自己有成就感，更發現很重要的一點：我的某些課程，換到線上可以照顧到更多的學員。

　　現在的我，經常上完課後好高興，甚至會到客廳對家人說：「我今天的課上得超好！」那個「超好」，就是指我可以照顧到更多

的學員，不像以前那樣，一組就只有一個人能上台，或者只有一個人寫白板；更擴大一點說，學會線上教學，我甚至不會被局限在台灣，可以隨時「出國」教學。

實體課很好，但有它的限制，懂得如何在這些方面去發揮線上教學的優勢，就是我上線至今最大的收穫。

如何讓線上教學更有品質？——
看教育噗浪客軟硬體搭配的巧思

王永福與洪旭亮校長對談　　　　　　　2021年8月4日

（洪旭亮校長：教育噗浪客共同創辦人、首屆 GHF 教育創新學人
獎、傑出資訊人才獎）

　　台灣新冠肺炎疫情剛從三級降回二級後，我邀請了教育噗浪
客教師社群執行長洪旭亮——阿亮校長，針對線上教學的軟硬體
問題進行了一場對談。

　　洪旭亮先生整整當了 20 年老師、10 年校長，目前已經從學校
崗位退休了，但一直沒有停下推廣教育的腳步，特別是線上教育
這個領域，更可以說是台灣的義勇急先鋒，用心推廣，不遺餘力，
和我一樣在疫情期間寫了很多這方面的文章、舉辦過很多場線上
教學的講座，因此我特別摘要整理了我們的對談內容，希望幫得
上更多新手線上老師的忙。

　　福哥：從 5 月 18 日為了防疫全台灣進入線上教學以來，你看
到了什麼樣的問題？老師們的狀況都還好嗎？

　　洪旭亮（以下簡稱阿亮校長）：雖然說老師們在那一天之前
已經都做過很多次演練，但我覺得，事到臨頭，台灣的老師們絕

大多數都還沒有準備妥當。即便世界各地的疫情早已非常嚴重，很多老師卻顯然覺得不會侵襲台灣，更別說，去年第一次為了對抗疫情而必須改為線上教學時，教育部還做了「如果沒有做線上教學可以補課」的宣示；這也難怪，當時大部分的老師都覺得，何必花力氣去學線上教學這麼困難的事情，乾脆選擇事後補課就好。

因此，當今年疫情再起，突然間政府決定不得補課，很多老師這才發現，之前的那一次「演練」如果沒有認真學習，或者說沒有真的學會，本身又不是資訊高手，當然就都被打了個措手不及了。

其實，多年來政府一直都很重視教育和資訊的結合，過去幾年做了相關推廣，比如「行動學習」，一次就是 200 所學校，老師們都可以自由參加，但是問題也就出在「自由」參加上。為什麼？因為那是教學外的任務，老師的工作已經很辛苦了，很多人就覺得「多一事不如少一事」，放過了許多學習的機會。

如果老師們先前有過「行動學習」的經驗，或者參與過我們一直在推廣的科技輔助教學課程，又或者上一次的演練夠認真，這一波的衝擊來臨時，應該就不會手忙腳亂、無所適從。

福哥：沒錯，去年改成線上教學的時間只有兩個星期，又還可以選擇補課，也難怪 518 的政府停課決策嚇壞了很多老師。

阿亮校長：不過，我覺得這反而是一個契機。以前我們死推活推都很難推廣的東西，這一下都水到渠成了。在不得不線上教學的這段期間，如果所有老師都看到資訊科技輔具進入教室的好

處，那我相信，回到教室以後可能就會繼續使用；但是我還是很擔心，也許大家確實在這段時間非常、非常努力地學習線上教學，一回到實體教室之後又忘記了原來的痛。

福哥：疫情當然很糟糕，卻也帶來了幾個可能的效益。最顯而易見的，就是讓老師和學生接受線上教學的環境，但正如阿亮校長寫過的文章所說，很多老師儘管聰明，卻不見得都是科技高手，可不可以提供一些最簡單、無痛的解決方案？

阿亮校長：從 518 一直到暑假之前的四十幾天裡，我大概就寫了二十幾篇文章，為什麼要那麼著急、那麼辛苦？（編按：有需要的朋友，請 Google「阿亮的居久屋」，查找阿亮校長的教學文章。）

事實是，我早在 2011 年就開始推廣行動學習了，十年來遭遇過的痛苦不計其數，所以我希望老師們不必走得那麼辛苦，才會寫下我認為最值得參考的經驗談。

其中一個過來人的很大感觸，就是我覺得非常奇怪，一開始從事線上教學的老師都會有個假想：某一節課如果能用上 10 個 App 的話，就不要只用 6 個 App。但是，他們從來沒有想過，App 的轉換和小朋友的學習之間是有學習曲線的，說到底，能提升你教學成效的才是最好的教學方式、才是最好的 App，和多不多根本沒關係。

比如說，一台實物投影機就可以解決很多線上教學的問題，但萬一沒有實物投影機怎麼辦呢？如果你剛好讀過我寫的文章，你就知道手機也可以變成實物投影機。為什麼我要強調實物投

影機？因為美國在疫情期間，線上教學老師用最多的，就是實物投影機，只要有一台實物投影機、有網路，老師和學生都開個 Google meet，擺上課本、拿支筆就可以開始上課，學生可以聽到你的聲音，可以看到你在上課的樣子，這不就是最簡單的線上教學方式嗎？

當然，經過了這兩個月的鍛鍊，我相信很多老師都會覺得這個方式有點落伍了，會這樣想很好，表示你已經可以學習一些進階的東西，但是如果繼續用實物投影機搭配 Google meet 我也不認為有什麼不可以。有時候，少即是多。

福哥：就像我常強調的「最小化資訊需求，最大化教學效果」，反正先有效再講，不一定要用上多少技術。因為在這一次進入線上講堂之前，很多老師對資訊也許陌生，說不定還抗拒，甚至可能害怕，如果能用最少的科技就達成線上教學的效果，那就是好事一樁。

不必追求炫目的效果、不要使用太多 App，夠用就好。

阿亮校長：老師們別誤會，這不是說因為你電腦功力不行所以盡量少用，反而是說，即使電腦功力很強的，也盡可能少用軟硬體，因為真正的核心是在教學效果。

剛剛開始推廣行動學習的時候，我就有類似的錯誤觀念，經常在上課時用上很多資訊科技的東西，看起來課上得很順利，小朋友也玩得很開心，但是後來我才發現，課上完了學生什麼都不記得，只記得他玩了哪一個遊戲。老師一定要把握教學的核心，只要能把學生都教會，你所用的東西就是最好的東西。

福哥：就像阿亮校長講的，經過兩個多月，原先再怎麼抗拒的老師至少都入門了，所以需求也開始進階，先說硬體，阿亮校長有什麼具體的建議嗎？

阿亮校長：電腦當然一定要有。在這一次的疫情裡，很多人這才發現，有些老師只在學校裡有一台電腦，家裡沒有，直到 518 那天以後才趕緊去買電腦；即使家裡有電腦的，也可能這才發現硬體配備和效能不足以因應線上教學。

我的建議是，如果家裡本來沒電腦或電腦太老舊，其實可以買台筆電；筆電最方便，因為現今的筆電麥克風和 WebCam 幾乎都是基本配備，設定也不難。

如果只需要添購麥克風和 WebCam，請記得不必追求太高的規格，只要同學聽得清楚就可以；同樣的，WebCam 的畫素也不必多高，有時候，朦朧一點反而比較美。

如果經濟上有餘力，加買一台平板我覺得不錯，因為有些平板還可以當第二螢幕。我並不是說一定要有個第二螢幕，如果你希望除了讓學生都能看到你之外，你還要看得到學生，真的有需要再去買就好，千萬不必因為別人說他又買了什麼你就很焦慮。

手機就一定要有。如果小朋友突然離線，透過 Line 群組能即時連繫。更何況，手機也可以變成 WebCam。

福哥：我完全同意不要陷入「軍備競賽」，不要買什麼東西都要最高規格，但是我個人還是覺得老師應該要配備雙螢幕。我自己很多年前就用雙螢幕了，即使不是拿來線上教學也很實用，請記得，這個延伸螢幕只要 Full HD 解析度就夠用，線上教學用的

螢幕，不需要買什麼 2k、4k 的。為什麼？因為螢幕解析度越高，第一當然是越貴，第二是字體會縮得很小，結果你買了一個高解析度的銀幕，然後再把解析度調低。

阿亮校長：很多人不知道，他家裡早就有第二螢幕了。有一天我坐在家裡的客廳看電視時，我忽然想：這個螢幕夠大了吧？果然，拿一條 HDMI 的線接過去，電視就變成第二螢幕了。尤其是你如果在家裡上課，客廳當講堂也沒有什麼不好。我的意思是，你如果真的不想買，大多數配備其實都有解決方案，真的不要追求軍備競賽。

福哥：硬體的部分，還有一個很重要的東西是網路環境。你的建議是什麼？

阿亮校長：我們先釐清一個觀念，淺白一點說，很多老師在開始線上教學的時候，不知道為什麼學生聽起來總是斷斷續續的？原來老師用手機上課，而且是 4G。

首先，用手機上課很容易弄壞手機。其次，如果你要用 4G 上課的話，千萬先看一下你的數據是幾格，如果只有兩格，那就很難好好上課了。

所以，請盡量不要用手機來線上教學。我覺得，以現在老師的收入來講，多花點錢提升家裡的網速應該不是太大的負擔。另外，不管是 4G 還是 Wi-Fi 都有塞車的問題，所以上課時最好先接上實體網路線會比較妥當。

福哥：完全同意，建議大家也可以用測速軟體，如 SpeedTest App、或 fast.com 測一下速度，雖然會議軟體規格中對速度要求只有 3 ～ 5 Mbps ，但實務上我覺得至少上傳／下載要到 20 Mbps，會順暢一點。

阿亮校長：對啊！速度先測一下，就知道連線品質了！

福哥：校長可不可以推薦一下教學平台？

阿亮校長：好的教學平台其實很多，問題反而是老師都會想要學一堆教學平台；其實只要學一、兩個你很厲害的就可以。

教學平台有非常多的分類，比如說教育部主推的英才網，就是一個可以讓老師對學生能力做診斷的教學平台，而且這個診斷引擎可以說是世界級的水準。如果你希望知道自己的教學成效、很快就知道學生的能力，英才網是個好平台。

另外一個和英才網的方向比較不同的是「學習吧」，在這個平台可以實施非同步教學，先把教材放在平台上，再讓學生上網去看，也可以把預錄好的教學影片、作業等都放上去，讓學生主動去學習，是非常好的一個平台。

第三個我想推薦的平台是 LoiloNote，因為太喜歡，所以我在「阿亮的居久屋」一口氣寫了八篇介紹文章，這是一個非常好用的平台。比如說，你不但可以在線上和學生充分互動，還可以透過電腦控制 PDF 的翻頁，確保你在講述的第 36 頁也是學生看到的第 36 頁。此外，LoiloNote 的作業繳交也非常方便，只要用你的手指頭就可以直接改作業，然後發回給學生，是非常完整的一套

教學系統。

　　LoiloNote 是日本人杉山龍太郎的作品，寫這套軟體之前，他在日本的觀課超過 1000 堂；也就是說，他詳盡地觀察過老師們的教學習慣，才能寫出這麼好用的程式。

　　遺憾的是，因為這是一套付費軟體，很多老師因此望而卻步。我個人的建議是，因為 LoiloNote 有試用帳號可以申請，你可以先以老師的身分申請 90 天的試用帳號，也能以學校的身分申請一年的試用帳號；要是真心喜歡，一個學生一個月才 10 元，如果你教 30 個學生，一年算下來也才 3600 元。

　　每當有老師反問我「為什麼要付這個錢」的時候，我還真是有點答不出來。

　　台灣也有很多人努力寫線上教學程式，但我們到今天還沒有所謂的「教育產業」，有的只是教育「慘」業，因為人人都希望你的程式好用又免費。其實，絕大部分的免付費軟體都只開放給你一小部分功能，收費其實也不是很高。我始終不懂，為什麼一杯一百多塊錢的星巴克大家喝得下，卻不願意花點小錢支持付費軟體，讓動機良善的業者能夠繼續努力下去。

　　我們如果想支持一個教育產業的話，就應該要讓投入這個產業的人能賺到錢，沒有錢賺怎麼寫好用的 App 給你用？現在老師用的很多免費 APP 的背後，其實都有付費版，只是開放部分功能給你用而已，如果這功能夠用，當然不用去付費。

　　直到今天，台灣還有很多人花上一、兩天去找一個只收你 0.99 美元軟體的破解版，相對於時間成本，真的那麼缺那 30 元台幣嗎？

　　我們一定要努力創造一個正向的循環，比如說，台灣三大教

科書出版社就在這次疫情中扮演了非常重要的角色，釋出了所有電子類的產品。據我所知，他們每年在這方面投資的金額非常龐大，但是都沒有回收，所以我們不但應該心存感激，更要省思是不是也該為自己的成長稍作投資——對創作者、經營者、學習者都是正向的投資。

福哥：除了這些線上互動教學平台之外，能不能再推薦幾個可以增加教學效能的平台或是軟體？

阿亮校長：有啊，Kahoot、Quizzizz 和 Google 表單都可以大大增加教學效能。

改考卷是最辛苦的一件事情，所以我自己在南投縣推廣數位學習的時候，教老師的第一件事情就是「怎麼用數位平台去考試」；以 Kahoot 為例，你只要出好題目，軟體不但會幫你考試還會幫你改考卷，可以省下非常多的時間。其實可以做數位測驗的平台非常多，不但可以用來考試，還可以讓你在播放影片途中提問，像是我在文章介紹過 Edpuzzle 功能就很強大，比如看到第一分鐘的時候，如果想問學生一個問題，你就可以馬上出問題點人回答，影片會自動暫停。也就是說，你隨時可以知道哪個學生有沒有真的在看影片。

善用工具實在太重要了，但是，如果你到網路上找相關的YouTube，看到了很多教學工具，也不要看一個學一個。我常講「弱水三千，只取一瓢飲」，真的學習到熟悉一套軟體，基本上就絕對夠用了。

另外，我個人的建議是，在用這些軟體的時候一定要考慮到

整個教學的流暢性，因為如果必須讓學生一下子轉換過去、一下子又轉換回來，會不會既浪費時間又容易出狀況？另外，老師們也要考慮清楚，不管是課前、課後還上課中，需要轉換的時候你的備用平台是什麼？

　　福哥：最後，阿亮校長可不可以告訴我們，整個過程──也就是從 518 到現在──你最大的心得和感想是什麼？

　　阿亮校長：在這段期間裡，我最想恭喜學校的資訊組長──你們終於可以抬頭挺胸地做人了！你們不再是「資訊工友」了！

　　除此之外，其實我有憂心也有期待。如果說因為這次的疫情可以積極促使資訊科技融入教學，那是再好不過了；但是我也要提醒所有的教師們，就算疫情緩和下來，學生們又都回到實體教室，還是請你有空就練習一下，就好像我們會有防空演習、地震演習……，往後台灣的教師們也應該時不時就來一下「線上教學演習」。

　　一定要和學生維持線上互動的默契，比如說不斷讓學生們使用某個平台，好讓他們不至於很快就忘掉帳號、密碼、怎麼登入，登入了以後，又必須和老師做什麼樣的互動……。如果平日裡沒有足夠設備可以演練，就偶爾帶著學生去電腦教室練習一下，起碼一個星期上線幾小時，讓你自己和學生們都保持最低的熟悉度。最少最少，下次再突然停課時，你也不會手忙腳亂。

　　和平時期也得經常練兵。我已經五十幾歲了，自己常開玩笑說：退休前是典型的「三板老師」，只要有天花板、地板、黑板，就可以過上一天又一天，從來沒想過還有「疫情」這種必須待在

家裡上課的事情。半開玩笑地說，誰也不知道，以後颱風來時，政府會不會要你「在家上課」，不是嗎？

　　面對新數位世代，小朋友其實很熟悉數位環境，有個笑話描述：「現在的小朋友，可能一看到玻璃就會想要點一下。」未來的世界，各位老師再怎麼不想接受也要接受，我們當老師的，也和學生一樣要不斷學習。如果9月能回到學校上課的話，一接新的班級，就趕快把同學們的帳號、密碼都先建好吧！

聽見線上教學現場的聲音——
為支援教師而奔忙的葉老師

王永福與葉丙成老師對談　　　　　　　　2021年8月6日

（葉丙成教授：台大教授、PaGamO 創辦人、無界塾創辦人、全
　　　　　球創新教育大獎得主）

　　很少人知道，5 月 18 日疫情停課後，我之所以會投入「線上
教學的技術」的構思和分享，影響我最大的就是人稱「葉帥」的
葉丙成老師。

　　因為我們兄弟般的好交情，我比別人更知道：當他在為老師
們的線上教學提供支援與資源而不停奔波忙碌時，自己手邊還有
多少事情需要處理。

　　但是他只想到老師們的需要，把時間都留給急需支援的老師
們，創立「台灣線上同步教學社群」、PaGamO，舉辦多場跨國千
人線上研習，媒合多個單位捐贈上網設備給偏鄉弱勢……。很多
推廣台灣線上教學的工作，都是由他開始啟動。

　　他怎麼看線上教學的現在及未來？我們兩人最近的一場對談，
透露了他推廣線上教學的初衷、理念、作法，當然也有憂心和期
待。

　　福哥：台灣絕大多數老師應該是在 518 全面居家上課之後，

才開始投入線上教學，為什麼你會在停課前就成立「台灣線上同步教學社群」？

葉丙成老師（以下簡稱葉老師）：早在 2015 年，我和幾個朋友開啟了「無界塾教育實驗」之後，就常因此去香港、新加坡演講，交上了不少老師好朋友。

5 月初，香港的一位好朋友就提醒我，看起來台灣的疫情好像會變嚴重，問我要不要參考香港的經驗，盡早幫台灣的老師們演練一下線上教學，好知道怎麼起頭。我那時覺得，這是很有建設性的想法，就由我們來拋磚引玉。

原本只打算開辦幾場研習，但轉念一想，不對，台灣中小學老師加起來有二十多萬人，就算每次都開辦千人研習，三場 3000 人，全台灣二十幾萬老師也才 3000 人能學到一點皮毛！政府不是沒有努力，比如一年前就做了一個線上教學的防疫便利包，也有一個網頁教導老師怎麼使用 Google meet 線上教學，還介紹了許多常用軟體。

可是問題也跟著來了，像這一次老師們都遇到，本來用 Google meet 裝了一堆外掛功能的，改版之後，很多功能變得不能用，光靠政府顯得緩不濟急。

那時候，政府是在撐著等高中會考結束再採取行動——讀了三年國中，好不容易要參加會考了，也不能說中止就中止吧。因此，雖然政府還沒有宣佈，但是已經有很多老師急著找尋線上教學的資訊。

防疫就像打仗，資管通勤系統很重要，我們一定要有一個地方可以讓大家得到最即時的資訊，有任何問題都可以在那裡互相

交流。因此，一與香港朋友談過後，當天下午就成立了臉書社團；很開心的是，光是那個週末便大約有兩萬人加入，可見台灣的老師們其實警覺心都很高。

福哥：據我所知，其實無界塾去年就開始推廣線上教學了。你覺得，線上教學和實體教學有哪些差異？

葉老師：最直接的差異是你看不到學生。當然，如果老師、學生都開鏡頭，便能看到彼此，但不管是用 Google meet 或 Teams，教學的氛圍還是不一樣，學生很難感受到老師在關注他。

所以，對線上教學的老師來說，最大的挑戰是必須三不五時 check 一次。在實體教室上課時你不用一直點學生問問題，只要走到他身邊，他皮就開始繃緊了，可是線上教學不行，一透過鏡頭感覺二、三十個學生裡有誰狀況外，就要趕快問他問題，戳他一下。

可是這樣做的難度也很高，因為很多老師都只用單一螢幕，又要播投影片又要注意自己這邊有沒有什麼狀況，很難兼顧所有的學生，不像實體教室，你一邊講課一邊眼睛掃個一輪，學生的狀態就知道個八九不離十。

福哥：對，很多老師不見得能看到同學的畫面。我有兩個讀小學的孩子，有一次上課時老師的聲音突然不見了，許多同學都在鏡頭前大呼小叫、比手勢，但老師完全沒反應，就這樣講了 20 分鐘的無聲課。

葉老師：其實，早在七、八年前我們談「翻轉教學」的時候，就已經開始推動線上教學，但這些年來，大學比較多老師會嘗試，中、小學比較少，為什麼？

舉個例子，大約七年前我們辦了一場大型「翻轉教學」研習會，我才一講完就有一個老師舉手發問：「葉老師，這種教學模式看起來確實很不錯，但是如果我真照你這樣子做，全班的成績排名卻掉下來的話，請問該怎麼辦？」

我一聽就傻眼，當下很想反問：「你為什麼這麼在乎排名？」但從另外一個角度來看，我也很能理解這個老師的焦慮。台灣的家長真的很在意孩子的成績，很多好朋友老師都對我提過，就算已經是個「名師」，還有不少著作，只要月考後班上的成績不如其他班級就會被家長投訴。

中、小學的老師真的很辛苦、很為難，一做了什麼教學上的改變，只要有少數一兩個家長不滿意，向主任、校長投訴，這個老師就會滿臉豆花、得不償失。另外，大部分老師之所以不想改變，最大問題就是老師很忙，光是教學和行政就經常忙到團團轉，而學習任何一種全新的線上教學模式都要花上許多時間。

這也是為什麼我會覺得，雖然疫情不是一件好事，但確實帶來一些改變的契機。另外，這一次教育部做對了一件事情──線上教學，不再補課。

去年延長寒假時，像我們或「教育噗浪客」等線上教學能力比較強的老師，都積極協助學校老師，很快吸引到許多關注，教育部卻突然宣佈老師可以自行選擇線上教學或實體補課。這一來，還有多少老師會想學線上教學？

結果，幾乎所有學校都走實體補課這條路。而那些比較願意

向前行、有熱情的老師，據我所知，很多人在學校並沒有得到支持，甚至有同儕對他們說：「好家在沒聽你們的話，差一點時間都白花了……」，「你們就喜歡自找麻煩，搞這些有的沒的……」。

這一次教育部很果決，一開始就用公文明確宣示「以暑假不補課為原則」。一旦不能實體補課，老師就非得學習線上教學不可；台灣的老師都很聰明又用功，一旦意識到大環境的改變，其實都學得非常認真。

福哥：記得兩、三個星期前我聽你演講時，你說：「518 停課後的線上教學過程，是台灣的教學奇蹟！」為什麼呢？

葉老師：全台灣二十幾萬老師，才一個多星期就都在做線上教學了，不是奇蹟是什麼？我的一個朋友說，美國剛開始因疫情停課的時候，很多地方都弄得荒腔走板。他所在的城鎮甚至從去年 3 月停課以後，一直到 9 月新的學期開始，才覺得好像不能再繼續沒動作下去，才開始推動線上教學；也就是說，整整大半年什麼事都沒有做。

當然，這次也有一些比較可惜的地方，比如完全沒給老師們一點準備的時間，今天宣佈，明天就要開始。如果說前面一、兩個星期老師們有點混亂，真的是非戰之罪。我相信，下一次再遇到類似的狀況時，台灣還會做得更好。

危機，真的常常就是轉機。

福哥：那麼，「翻轉教學」又是怎麼一回事？

葉老師：七、八年前，有一次我到彰化最大的陽明國中用全台語演講翻轉教學。那時候很多人都還有個誤解——所謂的「翻轉」，就是「黑白來」。

「翻轉教學」不只是一句口號，而是有一個很嚴謹的定義。比如說，老師在教室裡上課時，每個學生程度都不一樣，程度好的學生覺得你講太慢，程度差的抱怨你講太快，學生又多少會分心，當下沒聽明白，後面講的就都聽不懂了。因此，很多老師在實體教室上課時都會「跳針」，同一個東西往往要講個兩次到三次，確定學生都聽懂才能往下講，效率自然會降低。

這樣說好了：如果老師講任何一個觀念學生都難免有誤解，請問，老師要花多久的時間才能發現有些學生有錯誤的理解？

學生不會問問題，就是不愛問；更何況他很可能以為自己聽懂了，更不可能舉手發問。也就是說，學生理解有錯誤的話，教室內的老師是沒辦法第一時間就發現的。靠出作業來發現？台灣國小、國中到大學的學生，很遺憾，大家的作業都是抄來抄去，老師也很難從改作業看出學生的學習有問題，真正老師發現學習有問題的時候都是月考，一考全倒，你才會赫然發現，「怎麼這個定理大家都不會？」

但是，那已經是你一個月前教過的東西了，要再重講已經來不及。這就是傳統口述式教學最大的一個挑戰——老師沒有辦法第一時間掌握學生的學習狀況。

大部分的學生，從小到大都是到了快月考、期考才開始讀書，都是臨時抱佛腳，翻轉教學就是希望解決這個大問題——怎麼讓學生能夠按部就班地學習？最重要的概念，就是老師先在家裡或哪裡拍好上課的影片，或者用別人拍的影片，讓學生在家裡看影

片，然後到課堂上來寫作業，也就是 lecture at home、homework in class，把傳統的作法完全翻轉過來。

這樣做的好處是什麼？學生在家裡「上課」看影片的時候，如果是愛因斯坦那種必須在腦海裡想 4 次、5 次的孩子，就可以自己重播 3 次、4 次、5 次、6 次；反過來說，很厲害的學生，像我在台大做翻轉教育的時候不小心偷聽到，學生都把我的影片放 1.5 倍速度看，省下不少時間。每個人都可以按照自己的步調學習，非常棒不是嗎？

那麼，學生還來教室做什麼？寫作業。老師出題目讓學生做，然後開始周遊列桌，如果一走下來發現全班有三分之一的學生都卡在某個地方，老師就可以趁機重新解釋一下，「這個定理是這樣的……」，這是我們當老師的這麼多年第一次有機會在教室裡、第一時間發現學生的學習問題，以前的話，都要等到期中考、期末考才看得到，現在不是，「上課」隔天你就看得出哪個學生哪裡不懂、盲點在哪裡，當下就可以解決這個問題。

這等於學生每個星期都要好好看完影片，才能應付教室裡的「作業」。當然，作業是要算分數的，幾乎等於每個星期都在小考，每次上課都在小考，因此他必須按部就班地學習，不能再臨時抱佛腳，等到月考前才開始讀書，這樣學習效果就變好了。

「翻轉教學」遇到最大的問題不是來自學生，而是家長。大部分的家長對教育的認知，都還是二、三十年前自己當學生時的印象，很難理解為什麼孩子要在家看影片、上學寫作業，什麼「翻轉教學」、什麼「數位學習」，聽起來好像老師都在放牛吃草。

福哥：疫情期間有線上教學的需求，同時推動了家長、學生、

老師，大家都必須面對線上教學，阻力應該會少一點。這陣子你看了這麼多國外的案例，也辦了很多研習，哪些最佳案例有助於翻轉教學或線上教學？

葉老師：沒有什麼「最好」的案例，就像武俠小說裡有少林派、武當派、崆峒派、峨眉派⋯⋯，各有強處和弱點；我覺得，比較重要的應該是心法。基本上，每一種線上教學的軟體、方法與效果都不錯。

重點是你要先想明白：線上教學和實體教學最大的差別是什麼？就是你抓不住學生。

在教室裡，只要看到學生眉頭皺起來，你就知道他聽不懂，可以趕快調整，用不同方式解釋做些補救，可是在線上就沒辦法，就算大家都開鏡頭，老師還是很難掌握學生到底聽不聽得懂。

因此要「少量多餐」，也就是說，你不要一次就講一大段，中間都沒有檢核，教了 30 分鐘才發現，很多同學前 5 分鐘或前 10 分鐘就已經陣亡了。那個洞太大，你不可能重新把這 30 分鐘的東西再講一遍。線上教學時，老師要把課程切成一小段、一小段，每一小段大概 5 ～ 10 分鐘，講完後馬上就來個互動驗證一下，可能是讓學生舉手發問，或者老師出個選擇題讓學生作答。

看看答對的人有多少，很快能抓到學生的學習狀態。如果你發現剛剛那一段有八、九成的人都在狀況內，就可以繼續往下一段走；如果你發現不對，只有三分之一或更少的人答對，那表示學生大都已經陣亡了，這時你可以趕緊補救，再大致解釋一遍，不會太麻煩，因為那一小段就是 5 ～ 10 分鐘而已，頂多讓你再多花個 5 分鐘。

所以，無論我走到哪裡，都會強調「教、檢、補」——教學、檢核然後補救。

這不是說線上才應該這樣做，事實上在教室裡的課也應該這樣子教，只是線上教學更應該這麼做，因為你更難掌握學生的狀況。老師們要先想好，上課時要用什麼方式做互動，用什麼方式做檢核；各種軟體、各種方式都可以，只要老師做得確實、把握好原則，怎麼做都好。

福哥：所以，你覺得第一個重點是「教、檢、補」，這方面我也很認同。還有什麼給老師的建議嗎？

葉老師：回到前面的話——最大的挑戰其實還是家長。

很多人會說：「怎麼線上教學亂象百出？」我不認為這是亂象，最大的問題不是出在老師這一邊，而是整個台灣社會對現代教學的認識和了解都不夠。什麼是好的線上教學？有的家長會對我說，從頭到尾都要視訊教學同步才是好的線上教學；有的家長會對我說，這樣孩子的眼睛會壞掉；換句話說，老師常落入父子騎驢、怎麼做都錯的窘境。

我一直鼓勵老師多多和家長溝通，免得家長動不動去向學校投訴，或甚至串聯其他家長來反對你的做法，讓老師的困境雪上加霜。

怎麼溝通？我覺得用「行銷」來比喻最恰當。沒錯，老師也需要行銷，而且行銷的最大受益者就是你自己；行銷的對象不只是家長，還包括學生和學校裡的相關人士。

先說學生。這已經不是以前我們當學生的那個年代了，如果

你的教學沒有設計得很好，讓學生花了很多時間也沒有學到該學的東西，學生自然會分心、打混，你不能怪學生。老師要思考，怎麼讓學生相信你接下來要教的東西很重要，所以他一定得好好學──這就是老師最重要的行銷。

另外一個很重要的行銷對象是誰？學生的家長。沒讓你的學生家長知道你教學設計的價值在哪裡，也不花時間和他們溝通，到時候他去投訴你，不是很冤嗎？就算你沒有辦法說服全班的家長，如果至少說服一半以上，或者讓一些家長非常支持你，Line群組有家長找你麻煩、修理你的時候，也會有其他家長出來幫你講話。

福哥：可是有的老師也會擔心，如果把 Line 或通訊軟體帳號給家長，家長們會不會緊抓不放，一直傳訊息？

葉老師：我同意，有的家長確實會無法節制，晚上八、九點的下班時間，還在傳訊息給老師。因此，第二層行銷就是老師要跟家長講好遊戲規則：「有問題歡迎 Line 我，但每天晚上 7 點之後我就沒有辦法回訊息了……。」醜話講在前面，總比出狀況以後才來補救好。

第三個很重要的行銷對象是誰？如果行有餘力，就要讓學校裡的一些主管，比如主任、甚至校長明白你在做什麼。萬一有家長或其他老師故意找麻煩，他們也比較容易搞清楚狀況，進而支持你的做法。

最後，我覺得對社會大眾的行銷也很重要，因為說實在的，運氣不好的老師總會遇上爛校長、爛主任……，如果老師的網路

聲量大，有很多人說他教得有多好，看得到他的價值，自然會形成一個保護網，讓老師可以好好做事。

最少最少，對學生和學生家長的行銷是一定要做的，非做不可。

福哥： 為什麼你對第一線的教學現場這麼了解，怎麼都知道線上教學會遇到什麼問題？

葉老師： 別忘了，我自己就在做實驗，營運一所學校，身分就像是無界塾的校長，而這所學校的學生從小學五年級到高中都有，所以我遇到的狀況可能比教育現場的校長和老師還更多，每天都要處理學校的柴米油鹽醬醋茶不說，還要跟其他學校打交道、借教室，面對形形色色的家長，當然對於第一線現場非常了解。

網路上有人會說：「大學教授懂什麼中、小學教育」、「電機系教授懂什麼線上教學」、「又不是教育科系出身的，憑什麼大談教育改革？」……。其實因為我創辦無界塾及 PaGamO，經常需要與不同的老師及學生們接觸，也才能感同身受，對老師們更有同理心。

福哥： 有件事我一直很好奇，你怎麼會有那麼多時間做那麼多的事情，又要在大學教書，又要營運無界塾、PaGamO，組線上同步社團，辦跨國研習，甚至還媒合上網設備來幫助弱勢的學生。你是怎樣適應這些不同的改變，而且都可以提早做出因應的？

葉老師： 某種程度來說，可能是我比較幸運，不管是無界塾

還是一些研習，招募來的年輕人都很有能力與想法，並和我一樣有共同的使命感，很認真、努力去做他們覺得很棒的事情；聘請來的老師素質之高不用說，PaGamO 好幾位主管都是功力高強的技術主管，讓我做起事情來如虎添翼。

反過來說，我的一個長處就是願意相信我的夥伴，很喜歡給機會、提供他們成長的空間。我的信念是，如果我只把夥伴當工具，夥伴就不會有自己的想法；我們的共同理想，不正是教出有獨立思辨能力的孩子嗎？如果老師欠缺獨立思辨的能力，又怎麼教出有獨力思辨能力的孩子？所以，我們學校不是由上而下的金字塔結構，比較像是群體決策的一個團隊。

群體決策一開始當然很花時間，但到後來，因為過程中老師們都會進步，越來越熟悉全方位的思考，不會有這個那個盲點，團隊運作就越來越好了。對我來說，每位老師現在都可以單兵作戰，都是戰將，等到變得更厲害了，還可能是一方之霸，我就能抽身出來做下一件想做的事，成立一個團隊又一個團隊。

常有人謝謝我，說我為台灣教育做了很多犧牲。其實我自己覺得，我根本沒有犧牲什麼，到現在為止，我都只做會讓自己開心的事。比如說，成立了線上教學社群能幫到很多有需要的老師，看到很多老師因為這樣更愛教學、更快上軌道，我怎麼會覺得這是什麼犧牲呢？我不但很開心，而且很享受。

福哥：我記得，兩年前你在台中演講，演講結束後已經中午 12 點多，主辦單位便當也準備好了，但你大概又回答了 30 分鐘的問題，我那時很想衝上台對大家說：「也讓葉老師先吃頓飯吧！」真的，即使時間被切割得非常零碎──這點我可以作證──葉老

師還是做了很多很多的事情。最後，有沒有什麼話要對老師們講？

葉老師：這兩個月來，老師們辛苦了！

以前我們實體上課，同樣的課可能教了好多年，已不需要再花那麼多的時間和精力去備課，沒想到，忽然間要轉為線上教學，不管是備課或設計教案、學習使用軟體、測試線上模式……，幾乎等於從頭再來過一次，箇中辛苦我非常能體會。不過，很可喜的是，就是因為這樣辛苦，老師們的教學能力有了大突破；很多老師對我說，他們感覺到自己這段時間有很大的成長和進步。我覺得，這是一個讓人開心的現象。

我自己成長、進步最多的一段時間，是剛到美國留學的頭一年。身在陌生的環境，使用沒那麼純熟的語言、文字，課業的壓力又很大，當然過得很辛苦。但是，就算只是發現自己今天去餐廳點餐要比昨天又更順一點，確切感受到自己的進步，那種「我有在進步」的快樂是真快樂。

另外，學會線上教學也可以說是一種創新、一種拚搏。如果老師十幾二十年生涯都沒創新，都不勇敢嘗試新事物，怎麼教會學生勇敢創新？如果老師都怕失敗，又怎麼教學生「失敗為成功之母」呢？

更棒的是，這一次的全面開啟線上教學，不但老師有了全新的戰場，學生也得到了高科技時代的學習體驗，不管未來他們考上哪個學校、走入哪一行，因為他們已經知道可以靠自己學習、可以靠自己找到資源，就能持續不斷自我成長和突破。

從實體到線上確實有它的難度，但我很喜歡用打電動來比喻這種奮鬥——如果大魔王打個三兩下就掛掉，你會覺得這個遊戲

好玩嗎？真的會讓我們樂此不疲的遊戲，一定都是很難破關、但夠努力就能克服的遊戲。

不管目標何在，學習路上一定會有挑戰和挫折，如果我們把這一次迎戰的全新局面當成超大魔王，把線上教學當成人生中的一大挑戰，一定能磨練出屬於我們自己的「線上教學的技術」，自己前進也帶著學生前進展開古往今來前所未有的格局。

只要秉持過去這兩個月的精神，我相信新學期開課後老師們都會更加上軌道，就算未來還有更大的挑戰，我們也能抱著「大家一起來面對」的精神過關斬將！

圖解‧實體與線上教學的技術

　　本書的核心主題是「線上教學的技術」，我們已經透過 12 堂課讓大家快速上手，未來有機會需要線上教學時便能有一個參考的方向。我們也透過訪談的方式，邀請了四位老師——林怡辰老師、余懷瑾老師、洪旭亮校長、葉丙成教授，分享他們線上教學的經驗及想法，讓大家從不同的角度理解，老師們對線上教學的心得與體會。

　　但相信大家一定有注意到，所有的「線上教學的技術」，核心本質還是不變的，也就是「教學的技術」！因為當老師們能充分掌握住教學技術，不管是講述法、問答法、小組討論法、演練法、甚至像是 ADDIE 系統化課程建構、開場過程與結尾的應用……等等，熟悉了這些方法，接下來只需要因應不同的場域進行調整。像是小組討論法的操作，實體跟線上雖然環境不同，但是操作的重點包括：題目清楚、粗筆大紙、時間抓緊、上台發表，這些原則都是一樣的！

　　為了讓大家能快速複習「教學的技術」及「線上教學的技術」，我們特別跟圖文作家，自稱「輪椅上的死胖子」，也是「高怪輪‧意在寫作」的部落格版主洪瑞聲老師合作，請他創作系列圖解與

圖文卡，幫助大家快速吸收，並輕鬆複習實體與線上教學的技術。

胖子老師雖然因為脊椎損傷而行動不便，但是他快速筆記的功力，一點都不受身體的障礙影響！每次在演講剛結束不久，就能產出一篇高品質的圖文創意筆記。我常跟他開玩笑，與他相比我像是遇到了筆記障礙！這次特別跟胖子老師合作，希望能幫助大家用圖解的角度，更有效的吸收教學技巧。

誠心推薦胖子老師的圖文作品及創意發想教學，合作請搜尋「高怪輪・意在寫作」部落格：https://wheelchairfatboy.com/

教學的技術 翻轉課堂的職業講師秘訣

【為什麼需要教學的技術】

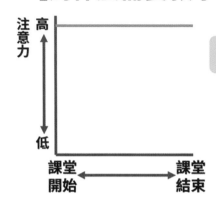

理想狀況

從頭到尾保持
高注意力

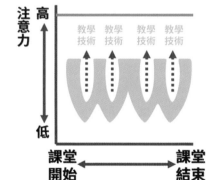

現實狀況

每7-15分鐘
用教學技術
拉回注意力

教學的對象是人，注意力下降是種
必然，所以得依靠教學的技術

來源：你的教學教練王永福　製卡：胖子

教學法

教學的技術 翻轉課堂的職業講師秘訣

【強力開場】 自我介紹&課程說明

重點① 故事吸引注意

透過故事或互動抓取學員注意力

重點② 建立信任

Why me?讓學員曉得為什麼你適合

重點③ 介紹課程、流程

讓學員安心、放心曉得上課的細節

重點④ 根據聽眾設計開場

不同聽眾說不同故事、主題吸引注意

開場三步驟，故事、自介和流程
建立信任，讓學員安心上課

教學的技術 翻轉課堂的職業講師秘訣

【強力開場】 建立團隊&要求承諾

1 快速分組
讓學員享受入座的自在，再來打散

2 小組自介
自我揭露讓小組凝聚，建立信任

3 選出組長
手選組長，讓組長與組員相互鼓勵

4 組長任務
擁有指派組員上台的順序與特權

5 要求承諾
配合組長、手機靜音、全心投力

職業選手與一般老師的差距
透過設計，快速讓成員進入狀況

教學的技術 翻轉課堂的職業講師秘訣

【講述法】

重點①　　　故事

利用故事吸引學員注意(人都愛故事)

重點②　　　視覺輔助

繪製圖片或是照片來加強視覺衝擊

重點③　　　語氣

不同語氣的快慢高低，讓學員投入

重點④　　　肢體語言

適當配合肢體動作，輔助講述內容

講述法是所有教學的基礎，
缺少變化就很像唸經催眠

教學的技術 翻轉課堂的職業講師秘訣

【問答法】

重點①

Cue 學生回答

主動Cue剛剛有舉手的學員回答

重點②

重述回答

再次複述學員回答的重點，做確認

重點③

肯定讚美不批評

即便答錯也不批評，會澆熄回答熱忱

重點④

連結課程目標

問答只是方式，課程目標才是重點

問答法是教學技巧中的基本功

基本，卻有用也有效

教學的技術

翻轉課堂的職業講師秘訣

【問答法的常見問題】

問題①

不要數 123

數1,2,3容易打壞上課節奏，母湯!

問題②

不要只看單側學生

被冷落的另邊會分心，分心會傳染

問題③

不要只用問答法

好吃的美食，重複吃也會膩與疲乏

問答法中每個問題都需經過設計
問答搭配其他手法，更為加分

教學法

教學的技術 翻轉課堂的職業講師秘訣

【小組討論法】

關鍵① 題目要清楚

聚焦一問題，放上投影片，學員才清楚

關鍵② 用粗筆寫大紙

粗筆、大字討論易聚焦，發表時也易讀

關鍵③ 時間要抓緊

壓力讓學員專注投入，時間由講師掌握

關鍵④ 邀請上台發表

發表讓學員更認真，也刺激小組更活絡

小組討論法讓主導由講師變學員
用時間壓力，讓氣氛既緊張又投入

教學的技術
翻轉課堂的職業講師秘訣

【小組討論法的常見問題】

問題① | 題目沒有說清楚

題目只口說，學員易搞混、再發問

問題② | 動作沒有說清楚

開頭示範演清楚，學員操作不混亂

問題③ | 發表位置不適當

發表不只對講師，安排適切的位置

問題④ | 讓學生獨自發表

單獨發表會恐懼，組員陪伴不孤單

小組討論法的操作細節越仔細

組員易投入、討論效率高、團隊凝聚強

教學法

教學的技術 翻轉課堂的職業講師秘訣

【小組討論法的小技巧】

技巧①　背景輕音樂

討論帶音樂，可營造氣氛或養成習慣

技巧②　倒數時間

提醒時間，學員更集中，時間好掌握

技巧③　討論緊扣課程目標

討論中讓學員無論對錯，都能加深印象

小組討論法考驗講師運課的節奏
營造適宜學習環境，讓學員有所發揮

教學的技術 翻轉課堂的職業講師秘訣

【演練法使用時機】

Knowledge
知識傳授型課程

Attitude
心態改變型課程

Skill
技巧指導型課程

知道到做到，是最遙遠的距離
尤其是技巧指導型課程

教學的技術 翻轉課堂的職業講師秘訣

【演練法三關鍵】

我說給你聽

將待會演練的重點、步驟
清楚告知學員。

我做給你看

現場或用影片示範剛剛講的
步驟，讓學員看見。

讓你做做看

實際讓學員現場操作，結束
後講師立即給予回饋。

步驟拆解越明確，學員學習越加倍
結束後記得給三明治回饋

教學的技術 翻轉課堂的職業講師秘訣

【演練法的常見問題】

問題①
沒做示範

學員沒看見示範，容易不知如何呈現

問題②
沒有拆解細節

拆解每項步驟的SOP，學員會更清楚

問題③
沒給練習時間

讓學員有時間練習，上台表現會更好

問題④
容許犯錯的空間

不打斷學員的演練，減少學員挫折感

設計一個好的演練，讓學員現場操作

現場錯總比外面錯好

教學法

教學的技術 翻轉課堂的職業講師秘訣

【三明治回饋法】

1層 好的地方

先給讚美說好的

2層 更好的地方

可以改進的事項

3層 好的地方

整體來說好的部分

把回饋包成三明治，用優點上下包覆

讓聽者可以聽進去

教學的技術 翻轉課堂的職業講師秘訣

【三明治回饋法注意事項】

一定要避免說：

"但是"

★注意連接詞

- 「如果可以，下次…」
- 「我的建議是…」
- 直接省略連接詞

缺少三明治回饋法，很快、很有效
但對方只會記得「但是」後的缺點

教學的技術 翻轉課堂的職業講師秘訣

【三明治回饋法三個好處】

開放心胸

先給予讚美、肯定的部分
讓學生打開心胸

改進建議

再給他下次能更好的建議
有肯定才聽的進

再次鼓勵

最外面再給予支持與鼓勵
讓他下次能更好

用合層漸進的方式，讓學生學的更好
一切為追求更好的教學成效！

教學的技術 翻轉課堂的職業講師秘訣

【系統化課程建構五步驟】

A

Analysis 分析
分析學員需求，為什麼要學這堂課

D

Design 設計
設計課堂流程與方法，有什麼內容

D

Development 發展
發展投影片，包括教材與教具

I

Implementation 執行
從開場、過程到結尾的串接與方式

E

Evaluation 評量
如何評量學員成果及自我評量AAR

會做不等於會教，系統化建構，
讓每堂課都有一定水平

教學的技術
翻轉課堂的職業講師秘訣

【ADDIE教學的三個關鍵】

讓學生知道

讓學生學到

讓學生做到

系統化課程建構，為了讓學生
學的更好，又能評估是否能做到

教學的技術 翻轉課堂的職業講師秘訣

分析學員的
真正需求

【Analysis 分析】

學員是誰

分析學員的樣貌、程度
決定教學進行的方式

學習動機

特定對象遇到的問題不同
定義好學員，再抓出問題

教學目標

好的教學目標要能現場評估
無法現場評估→不是好目標

教學目標應緊扣學員的問題發展
要讓學員帶走東西，不是講師想教什麼

教學的技術 翻轉課堂的職業講師秘訣

秘密武器
便利貼

【Design 設計】

步驟①

發想

想到就寫、一張一重點、沒有對錯、超過30

步驟②

分類

接近的就擺在一起，注意：每類2-5張以內

步驟③

排序

思考課程的前後順序，排出課程的進行流程

步驟④

切割重點

用不同顏色便利貼切割每段重點，建議3-5類

便利貼容易取得，隨意隨貼，又方
便排序，貼完牆面等於課程大綱

教學的技術 翻轉課堂的職業講師秘訣

秘密武器
便利貼

【Design 設計小提醒】

1	關掉電腦 ➡	不是一開始就要做投影片，先做好發想
2	緊扣住A ➡	發想的過程要記得A學員/問題/教學目標
3	頭腦風暴 ➡	想到就寫，不要批判找資料不要從零開始
4	切割重點 ➡	建議不超過5段，類別太多，可分大小項
5	集思廣益 ➡	發想也能多人共創讓課程內容更加豐富

設計內容可能會花一半的時間在發想
整個課程的流構思好，再往下發展

教學的技術
翻轉課堂的職業講師秘訣

教學投影片
的簡化設計

【Development 發展】

圖象化

找出與主題有關的圖像
搭配文字，吸引注意

半圖文

一半放相關圖像，一半文字
文字盡量分類成3/5/7類

大字流

只放關鍵重點，大張文字
逐段出現(講到才出現)

投影片越好
學生花在理解的時間越少

教學的技術 翻轉課堂的職業講師秘訣

【Development 發展】

教學
不是簡報

大字流
**出題目/
切割段落**

圖像化
**呈現證據
視覺印象**

半圖文
**作論述/
演練說明**

影片法
**用影片
輔助說明**

目標不是做漂亮投影

是將投影結合教學

- -

投影不是真正的關鍵

你，講師才是！

教學法

線上教學的技術

講述法 ── 投影片

- 大字流、全圖文、半圖文
- 講到再出現，不用華麗特效

演練法 ── 三步驟

- **我說給你聽**
  - 口頭說明
  - 拆成SOP
- **我做給你看**
  - 直接示範
  - 指令清楚
- **讓你做做看**
  - 成員操作
  - 沒分組：停在指令頁面
  - 有分組：善用廣播功能

回到教學的本質，也就是學習成效！

線上教學的技術

選擇排序法
手寫紙上

- 準備A5紙，題目由簡入難
- 人數較多：寫答案、對答案

問答法
隨時可用

- 實際舉手(開鏡頭)：
  - 減少分心、塑造參與感
  - 增加聚焦跟思考的方法
  - 讓學員願意主動「搶答」
- 人數過多：軟體舉手
  - 點名發言
  - 提醒放下，減少干擾
- ★ 題目需經過設計
- 問這個問題，是期望學生有什麼收獲？或得到什麼效果？

用最少資訊工具，達成最佳教學成效

教學法

線上教學的技術

影片法 — 要短、聚焦

- 預告重點，結束討論/問答
- 30~60秒/段，進行問答/說明
- 2~3分鐘最長，太長會分心

小組討論法 — 簡易四步驟

- ① 題目清楚
  - 善用廣播
  - 每次明確的一個問題
- ② 要寫白紙
  - A5大小紙+粗筆紀錄
  - 字要大、寫多張
- ③ 時間壓力
  - 先抓取再放鬆(老師決定)
  - 每30秒提醒時間
- ④ 要求發表
  - 要發表，讓討論聚焦
  - 舉手搶快、先講加高分

不要被軟體卡住，想辦法去克服它！

線上教學的技術

遊戲化計分法 　多元嘗試

- **手寫計分法**
  - A5畫T字，上面寫組別，下面分八點

組別	
1.	5.
2.	6.
3.	7.
4.	8.

  - 個別手寫計分
  - 每階段組長統計
- **Google表單排行榜**
  - 每個人各自填寫
  - 先設好公式拆成SOP
- **聊天室功能**
  - 組長負責計分
  - 打上聊天室
  - 大場人多時

- **★ 注意事項**
  - 一定要示範
  - 可能有資訊小白

遊戲化只是手段，重點是教學成效

線上教學的技術

課前準備

準備是一切

- **分組&前測**
  - 平台：Zoom/Webex...
  - 有些能自動分組
  - 練習：多設備、多帳號登入
  - 鏡象：確認鏡頭字是正面
- **教具**：白紙+粗筆
- **GOOGLE表單**：分組+計分
- **連絡管道**
  - 善用社群
  - FB、Line
  - Email即時性不足
  - 開好會議室：提前一天發送網址、密碼

  - ★注意：資訊工具越多，切換都會多耗時間

所有的準備，都為了讓課程更流暢！

小秘訣

更好
秘訣

小處著手

- **開場影片＆音樂**
  - 建立儀式感
  - 音樂版權(搜尋
    No Copyright Music)
  - 每段結束和大家打招呼，請
    成員打招呼(確認設備)
- **律定手勢**
  - 關麥時，和學員約定
  - 講師比出OK手勢
  - 學員比OK/不OK
- **同步螢幕**
  - 登入分身
  - 直接觀看目前狀況
  - 教學操作＆感受性會更好

真正的問題，不在軟體，是在教學！

相關著作及作品

教學的技術

上台的技術

工作與生活的技術

千萬講師的50堂說話課

福哥的部落格：https://afu.tw/

教學的技術──線上課程：https://teach.afu.tw/

後記與感謝

現在回看 518 大停課，似乎是有點遙遠的事了。疫情已經從三級警戒降到二級，大家也開始討論，新學期學生們能不能如期回到校園，或者接下來應有什麼規劃。

只要疫情沒有完全消失，很難說什麼時候又會像之前一樣，病毒再次突襲！就如同我們先前遇到的情形，本來以為已經控制了一年多，結果疫情說來就來，打得大家措手不及。

但是，相信經過這一次全國三級及實體大停課的考驗，大家對於迎接日後的挑戰，在方法跟心態上都已經有更完善的準備。不管是防疫、疫苗、生活、甚至學習，都慢慢走向下一個階段。

線上教學同樣也是這樣，接下來會怎麼發展，其實沒有人說得準！但可以確定的是：不論老師、學生或是家長，我們都已經在上一波的疫情突襲下，邊面對邊準備，最終通過了考驗。

面對教學的未來，不論實體、線上，或是實體與線上的融合，相信大家都能用持續學習的方式，去因應不同的挑戰。身為老師，我們將永遠勇敢站在學習的第一線！

也要特別謝謝身邊的好朋友們，因為有許多人的支持及協助，我才能在最短的時間，以「教學的技術」為基礎，擴展出「線上

教學的技術」。包含好兄弟葉丙成教授，因為受到他創立「台灣線上同步教學社群」以及無私奉獻的啟發，我才會在 5 月 18 日當天寫下「我不出手，誰能」的自我激勵，最終完成多場免費示範演講，之後再寫成文章，最後匯整成書，並拍成「線上教學的技術」影片防疫補充包。

從去年參加蘇文華老師的示範，到今年看到 Adam 周碩倫老師的線上創新課，還有趙胤丞老師的線上心智圖課，甚至孩子學校老師們如 Pauline 老師、Stina 老師，還有 Joan 老師等，以及好兄弟 MJ 的直播課，許多老師們的示範，都啟發了我線上課程思考的想法。

過程中城邦第一事業群總經理──牛奶姐，以及 Fanny，還有好友權自強老師的讚點子行銷團隊，以及孝娟、涵郁，一直提供許多建議，並且讓好的想法能夠擴大散布。

也要謝謝「專業簡報力」「教學的技術」的社群學員夥伴，在一開始參與課程測試，容忍我的不完美並提供回饋建議。而之後的每一場示範演講的參與者，因為有大家的投入，才能讓線上教學的技術越修越好。

特別謝謝參與「線上教學的技術」錄影的夥伴們：怡辰、Lewis、沁瑜、Yolanda、德生、亮增、曉薇、慶齡、凱倫、卡姐、景泓、永慶、佳君、瑪琳、咏恩，以及參與「教學的技術」線上課錄影的岡輝、詩雯、育均、曜郎哥、Irene、Emilie、蔣昊。因為有大家的協助，我們才能把這些珍貴的教學畫面，永遠保存下來，提供給日後的教學者參考。我的合夥人與好兄弟──憲哥，我們就像最強雙打一樣，相互支持、彼此支援。有你在身邊，我真的覺得很安心，也很開心。還有行政經理 Emory 的協助，讓我能專

心處理重要的事情，這對我很重要。而特別助理 Ariel 雖然暫別憲福，但是曾經的協助，福哥也都會記得，也祝你實現夢想，繼續成長。

還有接受我的邀請，一起在線上直播對談的好友老師們：怡辰、仙女老師、阿亮校長、Benson、震宇跟可欣、火星爺爺，還有柏鋒。謝謝你們大方分享，讓老師們可以從各位的經驗中，有更廣面向的學習。

家人們的支持，永遠是我前進的力量。媽媽、大姐、二姐及小弟，雖然因為疫情而無法常見面。但是透過線上聊天，還是感受到家人間滿滿的愛。

每當我投入工作，或是在電腦前進行線上教學或演講示範，老婆 JJ 就要帶著孩子們，安靜的到另一個空間做其他的事，兩個寶貝云云、安安，也總是很懂事的小聲說話，不去吵到正在進行的線上課程。有幾次課程回答問題到很晚，JJ 跟寶貝們留著一份晚餐，給剛結束課程的我。那個畫面很感動，我也會一直記得。謝謝我的三個寶貝，因為你們的愛，我才能一直給老師們更多的愛！寶貝們，我愛你們！

五十歲那一年，是我「知天命」的開始。那時認為天命就是發揮自己的天賦，去影響及幫助更多人，因此我寫了《工作與生活的技術》，也出了「教學的技術──線上課程」。只是，我心裡也想過，年輕時曾花最多時間的天賦，也就是電腦能力，應該是沒有機會用來影響別人了吧？沒想到 2021 年疫情來襲，線上教學需求興起，過去我所具備的電腦能力，反而可以跟教學結合，讓我能夠不被資訊工具所迷惑，提出「最小化資訊需求，最大化教學效果」的核心策略，最終發展出「線上教學的技術」系列文

章及課程。當然，過程中的投入及努力，也是很少人能理解的！所以，我也要謝謝，一直很努力的自己！

最後，謝謝全國辛苦的老師們！因為有大家的努力不懈，我們才能停課不停學。過程中也有許多老師們持續分享，為大家樹立更好的榜樣！「影響一個老師，就能影響更多的學生」，讓我們持續精進教學，不論是實體或線上，讓我們的學生都能從知道、得到，最後能做到！

我們一起教學相長，一起加油！

你的教學教練與朋友
王永福（福哥）敬上

國家圖書館出版品預行編目資料

線上教學的技術/王永福作. -- 初版. -- 臺北市：商周出版：英屬蓋曼群島商家庭傳媒股份有限公司城邦分公司發行, 2021.08
　面；　公分
ISBN　978-626-7012-59-8（平裝）

1.在職教育 2.媒體教學

494.386　　　　　　　　　　　　　　　　　110013041

線上教學的技術：快速上手的12堂必修課

作　　　者／王永福
責 任 編 輯／程鳳儀

版　　　權／劉鎔慈、黃淑敏
行 銷 業 務／林秀津、劉治良、周佑潔
總 編 輯／程鳳儀
總 經 理／彭之琬
事業群總經理／黃淑貞
發 行 人／何飛鵬

法 律 顧 問／元禾法律事務所 王子文律師
出　　　版／商周出版
　　　　　　台北市中山區民生東路二段141號4樓
　　　　　　電話：(02) 2500-7008 傳真：(02) 2500-7759
　　　　　　E-mail：bwp.service@cite.com.tw
　　　　　　Blog：http://bwp25007008.pixnet.net/blog
發　　　行／英屬蓋曼群島商家庭傳媒股份有限公司城邦分公司
　　　　　　台北市中山區民生東路二段141號2樓
　　　　　　書虫客服務專線：(02)2500-7718・(02)2500-7719
　　　　　　24小時傳真服務：(02)2500-1990・(02)2500-1991
　　　　　　服務時間：週一至週五09:30-12:00・13:30-17:00
　　　　　　郵撥帳號：19863813　戶名：書虫股份有限公司
　　　　　　讀者服務信箱E-mail：service@readingclub.com.tw
　　　　　　歡迎光臨城邦讀書花園　網址：www.cite.com.tw
香港發行所／城邦（香港）出版集團有限公司
　　　　　　香港灣仔駱克道193號東超商業中心1樓
　　　　　　Email：hkcite@biznetvigator.com
　　　　　　電話：(852)2508-6231　　傳真：(852)2578-9337
馬新發行所／城邦(馬新)出版集團 【Cite (M) Sdn. Bhd.】
　　　　　　41, Jalan Radin Anum, Bandar Baru Sri Petaling,
　　　　　　57000 Kuala Lumpur, Malaysia
　　　　　　電話：(603)90578822　　傳真：(603)90576622
　　　　　　Email：cite@cite.com.my

圖 卡 製 作／洪瑞聲
封 面 設 計／徐璽工作室
電 腦 排 版／唯翔工作室
印　　　刷／韋懋實業有限公司
經 銷 商／聯合發行股份有限公司　電話：(02)2917-8022　傳真：(02)2911-0053
　　　　　　地址：新北市231新店區寶橋路235巷6弄6號2

■ 2021年8月19日　　　　　　　　　　　　　　Printed in Taiwan
■ 2022年12月9日初版3.8刷
定價／350元

城邦讀書花園
www.cite.com.tw